在很久很久以前就有很多人一直問我要不要出旅遊書，我必須老實跟大家說，我喜歡旅行但我不會旅行……每次出去都是製作單位安排好，然後我就當一個好奇寶寶，帶大家一起看世界。其實工作之外的時間，我也會自己出去旅行，但有幾個原則：1.絕不安排行程，要不然很像在上班；2.絕不設定起床鬧鐘，都放假了還要準時起床太累；3.絕不去沒去過的地方，因為我不喜歡像觀光客一樣拿地圖找路。綜合以上幾個特點，大家應該可以發現我有多不適合出旅遊書了。

平常我是個很隨性也很隨便的人，不拘小節、害怕麻煩，任何事用最輕鬆的方式完成是我的人生準則，但隨著年紀的增長，我漸漸的有一些改變，對於某些事我很執著，碰到撞牆期我會站在那道牆前面一直看一直想，直到牆倒下我才會放過自己，而這個瘋癲的性格從我學做甜點後變得越來越嚴重。

戚風蛋糕是基本蛋糕入門款，我可以在短時間內輕輕鬆鬆的快速完成，但突然有一天，不管我怎麼小心翼翼的處理各個小細節都無法成功，就算對每個食材仔細研究，在烤箱前放張椅子，從蛋糕送進烤箱那一刻開始每一分每一秒盯著看，隨時有任何小變化就調整溫度，但這一切始終沒用，最高紀錄一天用掉五十顆雞蛋！

最後我終於發現，原來問題是出在烤箱溫度，因為烤箱用久了溫度有點跑掉，所以溫度都是依照烤箱自己的心情上上下下調整，直到我去買了烤箱專用的溫度計後，一切的事情就都迎刃而解，我又變回那個「秒烤小姐」了。

和甜點相處時是我覺得最療癒的時光，從發想到製作還有最後品嚐甜美果實的每一個階段，真的都很美好！我曾經是個沒有耐心、對於甜點就只知道吃的人，到現在變成一個甜點狂熱份子，真的好想把大家一起帶進甜點的美好世界！別人做的甜點很好吃，但那是屬於別人的故事，從今天起，一起完成屬於自己的甜點故事吧！

Contents

Omiyage！
自己的禮物
自己做

1.隔熱手套：材質要選厚一點的，有破損會破壞隔熱效果，用不習慣無指手套也可以把麻布手套合在一起使用。

2.電動攪拌器：桌上型的馬力比較大，可以輕鬆快速完成，要攪拌比較厚實的麵糰也可以，但量太少會打不到；手持型的可以輕鬆移動，材料量多量少都沒問題，不會被侷限住，但力道比較小，適合拿來打發混拌。

3.鋼盆：除了當攪拌容器也可以直接在爐火上加熱，使用上金屬材質比較輕又不容易摔破。

4.電子秤：放在平穩的桌上才不會影響測量結果，秤每一個食材前要扣掉容器重量並歸零。

5.重石：均勻壓上重石不可以太少，可以防止烘烤時底部受熱膨脹，邊緣塔皮也比較不容易塌。

6.蛋糕模：固定式和活動式烤模依照蛋糕種類做選擇，清洗請用溫水或中性清潔劑配合柔軟的海綿做清洗，不要用尖銳的物品刷洗。

7.慕斯框：中空沒有底的造型框，底層要包保鮮膜時一定要平整緊貼邊緣沒有縫隙。

8.塔模：放上塔皮前可以鋪一張烘焙紙在底部，這樣在脫模時會更加容易，小尺寸的烤模烘烤時間較短，所以變化烤模時也要調整溫度和時間。

9.派模：固定式的派模在烤波士頓派時可以烤出蘑菇造型蛋糕。

10.磅蛋糕模：裁剪出烤模大小的烘焙紙放在底部，可以在烤好時將蛋糕快速取出放涼。溫熱的烤模不能馬上放進麵糊，這樣會影響成品的口感。

11.矽膠模：使用前記得檢查安全溫度範圍，矽膠模脫模非常容易，造型上也有很多不一樣的選擇，缺點是有時候蛋糕會受熱不均勻。

12.擠花袋：布料材質的擠花袋耐熱、比較厚不易破，可以洗乾淨重複使用；塑膠材質的擠花袋是拋棄式的，使用上比較方便。

13.攪拌器：彈性越好在打發時越容易將空氣打入，可以在手上敲打測試彈性，混合乾粉或麵糊時用攪拌器也可以事半功倍。

14.置涼架：格網讓上下透氣不悶住，可以縮短置涼的時間。格網間隔可以挑選小一點的，才不會容易掉出格網的洞洞。

15.鋸齒西點刀：切膨鬆柔軟的甜點時可以減少碰到蛋糕體的面積，較不易把蛋糕切塌或切爛掉，但每切一刀都要擦乾淨，免得影響切面。

16.抹刀：平面抹刀是幫助抹平的小道具，L型抹刀可以用在烤盤裡的麵糊，不受容器限制，選擇上都是拿起來順手就可以了。

17.**刮板**：圓弧邊角可以順著鋼盆底刮拌，平的邊角可以切麵糰或抹平麵糊。刮板形狀變彎就要換新的。

18.**橡皮刮刀**：一體成型的在清潔上比較容易，此外最好挑選耐熱材質，因為有時候會攪拌高溫的食材，而軟硬度適中最好用 。

19.**刷子**：塗抹蛋液或果膠時會用到。矽膠刷較易清潔晾乾，但刷毛不夠密，要多點耐心塗勻；毛刷可以細緻均勻的塗抹，但要選擇不易掉毛的刷子。

20.**篩網**：台灣氣候較潮溼，粉類容易結塊，所以都要過篩。迷你篩網可以用在甜點最後裝飾，撒粉面積範圍較小。

21.**蛋糕轉台**：不鏽鋼材質重，轉起來比較沉；塑膠材質輕，轉起來比較快。但不管什麼材質的，轉台底部一定要有防滑。

22.**量杯**：看刻度時要平視才準確，量杯單位計算要清楚簡單，這樣在使用上比較方便，而塑膠量杯有溫度限制要小心。

23.**電子溫度器**：依照溫度可以準確的判斷出每一個食材該有的狀態，雖然要多一道手續，但也是最簡單的判斷方法。

24.**擠花嘴**：花嘴有口徑大小和形狀之分，可以擠出美麗的奶油花，也可以挖出小小的洞把卡士達擠進泡芙裡，是一個永遠都買不完的器具。

25.**擀麵棍**：木製擀麵棍有點重量，可以壓平麵糰類；矽膠擀麵棍可以用在小面積的翻糖或塑形巧克力，不沾比較好操作。

26.**單柄鍋**：量比較少時加熱可以用，鍋子的厚度不能太薄，要不然加熱速度會不平均，溫度也會不均勻。

27.**刨刀器**：刨果皮時只要外面有顏色的部分，內層白色部分會苦澀，在刨的時候一定要小心，不要下手太重。

28.**不沾平底鍋**：鹹食和甜食的平底鍋可以分開使用比較不會影響味道，薄麵皮專用的平底鍋大小剛好、重量輕。

29.**造型壓模**：餅乾或蛋糕壓型時都可以使用，有些食材容易沾黏可以鋪上一點麵粉會更好壓型脫模。

30.**烤盤**：所有不沾烤模，請用溫水或中性清潔劑配合柔軟的海綿做清洗，不要用尖銳的物品刷洗。

1.粉：低筋麵粉筋性低，可以做出酥鬆的口感，用在做餅乾或蛋糕；中筋麵粉做出來的食物會比較扎實有彈性，用在中式點心比較多；高筋麵粉筋性強，可以製作有韌性的食物，用在做麵包。

2.細砂糖：糖在甜點裡扮演很多重要的角色，有良好的吸水性讓蛋糕吃起來不會乾乾的；有防腐的效果，糖含量越高能放越久；有焦化作用，讓蛋糕可以烤出美美的金黃色；糖可以撐起空氣，讓甜點食材產生膨鬆感，所以減糖過量會造成許多小麻煩。

3.蛋：一顆中型蛋扣掉蛋殼重量大約是50g，蛋白大約30g、蛋黃大約20g，有些配方蛋是用重量來計算的，可以用這個方式來稍微計算一下。

4.無鹽奶油：事前準備常常提到要用室溫奶油，意思就是說奶油放軟到用手指可以按壓的程度，加熱後融化的奶油組織已經產生變化，無法再拿來做打發使用。

5.鮮奶油：鮮奶油的奶味濃郁，可以用在料理中，也可以依照打發的程度來作用，例如六分發可以當成蛋糕內餡夾層、八分發可以拿來抹面裝飾蛋糕。

6.奶油乳酪：做起士蛋糕一定都會使用到的新鮮起士，使用前可以放至室溫軟化，讓質地變得鬆軟更好融入。

7.泡打粉：遇到液體和熱氣會開始變化，讓甜點裡增加空氣，製造出漂亮的蓬鬆感，而選擇上記得要買「無鋁泡打粉」。

8.吉利丁：片狀要記得泡在冰水裡軟化，擰乾水分才能進行加熱溶解的動作；粉狀要先準備一杯水，再把吉利丁粉放進去，這樣的順序比較容易均勻溶解。

9.巧克力：調溫巧克力在使用前一定要確認融點才可以溶出光澤度漂亮的巧克力，苦甜巧克力是比較受歡迎的味道。

10.堅果類：適量的堅果加入可增添不一樣的風味和口感，在保存上可放在冷藏避免產生油耗味，烘焙用堅果大多為生的，要烤過才能使用。

百搭好用

甜塔皮

無鹽奶油…500g	鹽…10g
糖粉…315g	低筋麵粉…845g
蛋黃…110g	高筋麵粉…215g
蛋…90g	
杏仁粉…115g	

**事前
準備工作**

◦ 蛋、無鹽奶油放至室溫軟化。

◦ 過篩糖粉。

◦ 蛋、蛋黃均勻打散成蛋液。

◦ 杏仁粉、鹽、低筋麵粉、高筋麵粉、可可粉一起過篩。

◦ 墊在重石下面的烘焙紙。

1

糖粉要先輕拌到無鹽奶油裡，不要用電動攪拌器攪拌，糖粉會飛走。

2

混合後的糖粉、無鹽奶油打軟，打到質地細綿、顏色偏白的鵝黃色。

3

拌勻後把蛋液分2～3次加入，少量多次的慢慢加入，每一次都要完全融合再加下一次。

4

將剩下的粉類一起過篩加入，翻拌次數過多或力道太大會出筋，影響成品口感。

5

攪拌至無乾粉，成糰後用保鮮膜包好，放置冰箱冷藏2小時以上。

6

工作台上撒上一些手粉，把麵糰擀成厚度0.3公分左右，麵糰也可以放在烘焙紙上擀平，等一下也比較好移動。

7

大小要比塔模再大一點，塔皮放進去後輕輕的按壓，從中間到外側邊緣壓平緊貼。

8

把邊邊多餘的塔皮切掉。

9

在塔底戳洞洞，太軟的麵皮可以先冰一下再戳洞。

10

鋪上烘焙紙、放上重石，避免烘烤過程中膨脹。

Tips!

○ 塔皮是用糖油拌合法，要攪拌均勻但千萬不要攪拌過度，沒做好會造成萎縮和出油。

○ 做好的生塔皮可以放在冷凍保存一個月左右，可以先秤重分裝，要用時再放置冷藏慢慢退冰。

○ 手粉一般以高筋麵粉為主，工作台上只要撒上一些就好，不要太多，擀麵棍上也可以沾上一些手粉。

○ 這些都有用到：青蛙、浣熊泰泰、水果起士總匯、熊厚呼、半熟乳酪塔、檸檬塔、草莓塔。

杏仁餡

無鹽奶油…40g	萊姆酒…少許
細砂糖…20g	蛋黃…20g
蛋…10g	杏仁粉…40g

事前準備工作

◦ 蛋、無鹽奶油放至室溫軟化。　◦ 杏仁粉過篩。

◦ 蛋、蛋黃均勻打散成蛋液。

1

將無鹽奶油打軟後加入細砂糖,打到質地細綿、顏色偏白的鵝黃色。

2

蛋液分2～3次加入,少量多次的慢慢加入,每一次都要完全融合再加下一次。

3

加入過篩後的杏仁粉,攪拌到完全均勻。

4

將少許萊姆酒加入杏仁餡中,攪拌均勻即可。

| Tips! |

◦ 所有的材料一定都要保持在常溫,才能在製作上完成最佳的乳化效果。

◦ 蛋液一定要分次慢慢加入,最後完成時一定要油水完全融合。

◦ 這些都有用到:浣熊泰泰、草莓塔、熊厚呷。

可可手指蛋糕

蛋黃…230g	低筋麵粉…170g
細砂糖A…115g	可可粉…45g
蛋白…455g	玉米粉…60g
細砂糖B…175g	

事前準備工作

◦ 低筋麵粉、可可粉、玉米粉一起過篩。
◦ 烤盤（60*40cm）鋪上烘焙紙。

1

蛋黃加入細砂糖A打到全發狀態，蛋黃糊備用。

2

蛋白先打到起泡，細砂糖B分2次加入，打到9～10分發的程度。

3

蛋黃糊加到蛋白中攪拌均勻。

4

接著加入過篩粉類，攪拌均勻至無顆粒狀即可。

5

麵糊倒入烤盤，用L型抹刀均勻抹平並撒上糖粉。

6

上火180℃、下火150℃，先烤8分鐘，再調頭烤8分鐘，出爐後移除烤盤，放涼備用。

Tips!

◦ 蛋黃和蛋白一定都要打到全發，因為後面粉類拌勻的部分很容易造成消泡。
◦ 這些都有用到：覆盆子玫瑰、焦糖洋梨、提拉米蘇。

卡士達醬

鮮奶⋯300g	細砂糖⋯80g
鮮奶油⋯300g	低筋麵粉⋯25g
無鹽奶油⋯15g	卡士達粉⋯25g
香草莢⋯1支	蛋黃⋯120g

事前準備工作

◦ 低筋麵粉和卡士達粉一起過篩。

◦ 蛋放至常溫。

1

香草莢橫剖開,並將香草籽用刀背刮下,取出備用。

2

將鮮奶、鮮奶油和無鹽奶油放進鍋子中煮到冒大泡泡即可關火。

3

把香草莢和香草籽放進鮮奶中,蓋上鍋蓋燜10分鐘,再把香草莢取出。

4

將蛋黃和糖攪拌均勻成蛋黃糊。

5

過篩的低筋麵粉、卡士達粉加進蛋黃糊中攪拌均勻。

6

將步驟3.邊加入邊攪拌，拌勻後用小火加熱。

7

全程都要不停的攪拌，煮至濃稠後離火，就完成卡士達醬了。

8

將保鮮膜服貼在卡士達醬表面並戳洞，放置冰箱冷藏一夜即可食用。

\Tips!/

- 煮的時候一定要用小火然後不停的攪拌，卡士達醬在煮的過程中只要有一點點焦，整鍋就毀了，因為焦味會蓋過所有的味道。
- 裡面有蛋，所以溫度一定要到達83℃才有殺菌的效果。
- 如果香草莢不好取得也可用香草醬取代，味道只會有一點點差別。
- 這些都有用到：焦糖洋梨、草莓塔。

焦糖

細砂糖…100g	水…30g

1

細砂糖和水放入鍋中，均勻混合。

2

開小火煮到變成琥珀色前都不要去翻動。

3

上色後就可以簡單攪拌到變成深咖啡色。

4

冒大泡泡後就可以離火完成。

| Tips! |

- 用厚底的鍋子煮焦糖才能讓鍋子裡的焦糖平均受熱。
- 開火前細砂糖要每個地方都均勻的混合著水，才不會有溶解不均勻的問題，鍋壁上也不要沾有細砂糖。
- 細砂糖在還沒變色前千萬不要碰，因為還沒作用完全的細砂糖和水經過攪拌會有反砂，無法成為液體。
- 這些都有用到：焦糖洋梨、反轉蘋果。

焦糖淋面

細砂糖…100g	白巧克力…200g
鮮奶油…200g	

**事前
準備工作**

◦ 白巧克力切成小丁。
◦ 加熱鮮奶油

1

將細砂糖煮至焦化。

2

煮滾的鮮奶油回沖至焦化的細砂糖中，攪
拌均勻。

3

將攪拌好的步驟2.回沖至白巧克力中，攪
拌均勻即可，使用溫度40℃。

Tips!

◦ 細砂糖煮至焦化後可先離火加入鮮奶油拌
勻後再回爐上煮至混合均勻。
◦ 焦化的細砂糖加入鮮奶油時會產生大量煙
是正常的，不要害怕。
◦ 這些都有用到：焦糖洋梨。

巧克力淋面

鮮奶油…200g　　白巧克力…200g

1

將鮮奶油煮滾。

2

沖入白巧克力當中，攪拌均勻即可，使用溫度40℃。

Tips!

∘ 白巧克力也可換成黑色的苦甜巧克力或任何其他口味的巧克力。

∘ 煮鮮奶油的鍋子一定要很乾淨，如果有先前烤焦的殘留物，可能會掉進白巧克力裡，造成一點一點的小
黑點影響成品、影響風味。

∘ 這些都有用到：榛果巧克力、覆盆子玫瑰。

杏仁巧克力淋面

熟杏仁角…50g 　　苦甜黑巧克力…200g
鮮奶油…200g

1

將鮮奶油煮滾。

2

沖入苦甜黑巧克力和熟杏仁角當中，攪拌均勻即
可，使用溫度40℃。

| Tips! |

。淋面沒有用完可冰在冷藏3天內用完也可以，但是表面要平貼保鮮膜，避免水氣滴入。

。冰過的淋面再次使用一定要再回溫到40℃，溫度夠才能順利沾在蛋糕上。

。這些都有用到：焦糖洋梨。

Honey

　　我從小就對零食和甜點無法抗拒，在我們家有個櫃子，裡面總是有滿滿的零食和甜點，那是個木頭色的古典雕花櫃子，但在我心裡那個櫃子卻是一個有著滿滿粉紅色小星星的巨大寶盒，只要我乖乖聽話、當好寶寶，爸媽就會用甜點零食當獎勵，所以對我來說，甜點連結的是一種幸福、開心的感覺。

　　記得我第一次做甜點是高中時去同學家做蛋糕，當時我們什麼都不懂就照著食譜一步一步的完成，先打蛋再加麵粉然後送進烤箱，一切的一切都在我們的巧手下順利完成，等待烘烤的時間，我們悠閒的在客廳看著電視，十五分鐘後，我們突然聞到一點點焦香味，想著蛋糕即將完成，興高采烈的衝進廚房，結果……悲劇就此展開，一進廚房看到烤箱冒出陣陣白煙和一些火光，喔！不！怎麼會這樣！但越是緊急的狀況越要冷靜，所以機靈的我們趕快把蛋糕拿出來往裡面潑水，順利的消滅了一場火災，也因此消滅了一台烤箱……從那時候我才知道原來不是叫烤箱的都能烤蛋糕，要可以控溫然後烤箱高度也很重要，越挫越勇是我的潛在個性，所以我開始覺得做蛋糕似乎很有趣，夢想有一天可以完成一個屬於自己的蛋糕。

　　有陣子外景的工作塞滿了我所有的時間，每天早上起床總是先問自己「我今天在哪裡？」每天都處於精神緊繃的生活狀態，漸漸的身體也跟著受不了，於是我決定暫別外景休息半年。當時間回到自己手上後，我決定做一些一直很想做的事，也是從那時候才認真開始甜點的學習，我會上網看食譜、請教朋友，也會去上課，一步一步的累積甜點的專業知識。

　　我常常去很多不一樣的地方上課，哪裡有開課我就去哪，有高人氣部落客、店家老闆、前日本大飯店的法國甜點主廚，在每個老師身上都可以學到不一樣的東西，他們的教法也都不同。現場做完後我會回家再做一次，因為我不是很聰明，所以在上課時無法一次吸收所有的東西，有時候誤解了老師的意思，回家自己怎麼做都不成功，最後就要像拼拼圖一樣把記憶一點一點的拼起來，我的失憶症真的好嚴重！後來我透過朋友的關係認識了一個甜點之神陳師傅，他是一個從外表絲毫看不出來和甜點有任何一點關聯的酷哥，但是他做的甜點超好吃、超可

愛而且還充滿驚喜，每次和他聊到甜點總是會看到他用閃著光芒的眼神說出對於甜點的喜愛和專業。有一天我不知道哪來的靈感，居然跟他說「陳師父，我可以跟你學做甜點嗎？」我不小心把心裡的話說出來了！！！堂堂一個女明星提出這個請求，如果被拒絕一定很糗！而且如果被拒絕的話我一定沒有臉再見他，這就和結婚一樣需要一種衝動才說得出來，我居然說出來了，怎麼辦……他會如何回應？他會覺得我是神經病嗎？當我心裡的小劇場還停不下來的反問自己的時候，陳師父用了一個超親切的酷哥微笑回我「好呀！」啊～～～真是太開心了！！但我不想被他發現我真的是神經病，所以強迫自己冷靜下來，用莎莎招牌的鄰家女孩式燦笑回他「耶！真的太好了！謝謝陳師父！」

🍩 社群軟體是我的創意資料庫

我平常有空就不停的滑手機，看網路上的作品來激發靈感，也順便了解最近流行什麼。「青蛙」這道甜點就是因為手遊的流行而發想的，看到可愛的青蛙誕生後我整個甜點魂大噴發，想要做更多不一樣的動物造型，於是又創造出下個單元的「浣熊泰泰」。

除了滑手機，利用出外景時吃遍各地甜點也是很大的創意來源。我很愛日本跟法國的甜點，它們之間有一點點不一樣，日本甜點做得非常精緻，甜度也稍低一些，比較適合亞洲人的口味。如果說同樣一個素淨的白蛋糕，日本人一定想盡辦法把鮮奶油抹到毫無痕跡，精美得像是藝術品一樣，連馬卡龍都要整齊的疊成漂亮小塔；相較之下，法式甜點馬卡龍在甜點櫃裡像是個法國女人一樣隨性的躺在大盤子上，每一顆也都像是閃著光一般的跟你招手，雖然它們的外表大不同，但各有其特色，味道也都很好，真心建議喜愛烘焙的朋友可以多四處

走走、吃吃，相信能夠獲得不少靈感。

從經營服飾店到自己開咖啡廳，都是我的興趣延伸出來的副業，所以咖啡廳裡的甜點櫃都是我自己愛吃的甜點。與其追趕流行、迎合客人的喜好，我比較想做的是把自己喜愛的甜點分享給客人，連自己都不喜歡的東西要如何說服別人喜歡呢？看甜點櫃就可以知道我是個喜歡嘗鮮的人，裡面常常有不一樣的新東西。

🍒 螞蟻上身，無甜不歡

我一直覺得自己是個幸福的人，多年的外景工作不只打開眼界，也打開了我那個越變越大的甜點胃，在台灣和世界各地吃到好多不一樣的味道。其實不只甜點，所有我沒看過的食物我都會想嚐嚐看，經由別人的敘述說出的那是別人的感受，有些東西你不去嘗試，永遠都沒辦法知道到底是如何。很多東西其實和你想像的差很多，就像轉扭蛋一樣，還沒打開前永遠不知道自己可以得到什麼，當個勇於嘗試的人吧！我想這也是愛烘焙的人的思考習慣吧！哈！

每次有人問我最喜歡的甜點是什麼，大家都以為答案會是那種很華麗、很複雜的甜點，其實我喜歡的是最普通的鮮奶油蛋糕，我不管肚子多飽都可以挪出一個位置裝鮮奶油蛋糕。別看鮮奶油蛋糕簡單，烘焙之後真的會發現越是簡單基本的東西其實最難，做得好與壞一吃就知道，也因為鮮奶油蛋糕的單純，所以不管配上什麼都絕對無違和。

我不只愛做甜點，也非常嗜甜，像是喝茶如果沒有加糖，我會覺得很痛苦。我認為甜點是這世界上最療癒的食物，在吃下去的那一瞬間，你會忘記所有的煩惱，也會忘記自己的胃到底有多大。我的飲食哲學就是「人生就是想吃就吃，減肥到時候再說」，如果這個當下你沒有吃到，不知道什麼時候會再遇到它，所以先吃再說吧！雖然我愛甜，但我也希望在享受的同時可以稍微保護一下身體，最近常常提醒自己不要吃那麼甜，所以這本書的甜點，甜度都有經過調整，做出來都不會太甜，

讓大家可以盡情享受甜點帶來的美好。

　　這個單元的甜點讓你不管幾歲都能夠少女心大噴發！它的外表吸睛，是那種做出來你一定會先拍照上傳跟朋友炫耀再慢慢來品嚐的甜點，有一些很簡單容易做的基本款甜點，我會加一點小巧思，讓大家可以很有成就感的輕鬆完成。趕快跟著我動手做，讓朋友們羨慕一番吧！

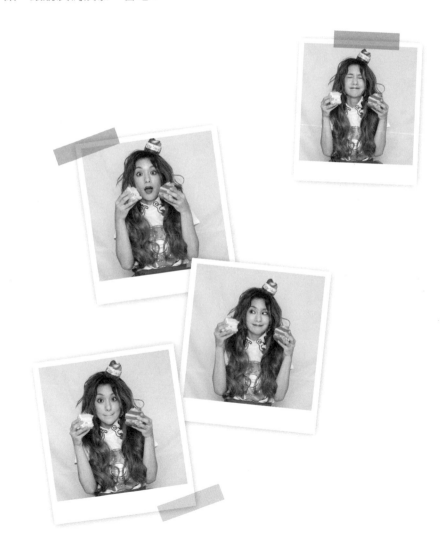

青蛙

人見人尖叫！風靡少男少女的蛙蛙回家了，
萌萌的樣子連拍100張
再把它收服到肚子裡吧！

材料

圓形塔皮…5個　　**蛙眼**
杏仁粒…適量　　無鹽奶油…70g
白巧克力…110g　碎蛋糕塊…15g
抹茶粉…適量　　黑、白巧克力…少許
鮮奶油…75g

事前準備工作

◦ 烤圓形塔皮。
◦ 烤熟杏仁粒。
◦ 融化白巧克力、黑巧克力。

1

鮮奶油用小火加熱到鍋邊冒小
泡泡即可離火。

2

用鮮奶油的溫度把白巧克力融
化攪拌均勻，溫度不夠時可以
把鍋子放在熱水上保持溫度。

3

加入過篩抹茶粉，抹茶粉太多
會苦，所以適量就好。

4

塔皮塗上一層白巧克力可以防止塔皮裝入內餡
後太快濕軟，再將烤熟的杏仁粒放在底層。

5

抹茶醬倒入塔皮冷藏2小時。

6

做青蛙眼睛，融化白巧克力倒入半圓形模至滿模，靜置3分鐘後倒出多餘巧克力。

7

加入碎蛋糕塊，稍微壓緊再淋上白巧克力，冰鎮至定型就可以脫模。

8

融一些黑巧克力，用擠花袋畫上眼球。

9

取出凝固的抹茶塔，放上眼睛、畫上嘴巴。

Tips!

- 抹茶粉一定要攪拌均勻、完全融合，有時候會結塊，要仔細檢查。
- 青蛙眼睛也可以換成消化餅。
- 生的杏仁粒使用前要低溫烘烤，上下火120℃烤10分鐘，杏仁烤到上色就可以了。
- 步驟6.靜置的時間可以依照不一樣的季節做調整，只要巧克力有一點點凝固沾在模型上大概0.1公分即可倒扣倒出多餘的巧克力。

起士布朗尼

起士和布朗尼都是女生的最愛，
一個蛋糕、兩種享受，
就像是和一個又高又帥又認真賺錢
又對妳超好的男生在一起，好幸福！

材料

布朗尼
無鹽奶油…95g
黑巧克力…100g
細砂糖…90g
蛋…2顆
低筋麵粉…35g
可可粉…45g
泡打粉…1/4小匙

起士蛋糕
奶油乳酪…240g
細砂糖…40g
鮮奶油…65g

事前準備工作

◦ 烤模鋪烘焙紙。
◦ 蛋輕輕打散，混合均勻。
◦ 低筋麵粉、可可粉、泡打粉一起混合過篩。
◦ OREO剝小塊。
◦ 奶油乳酪於室溫放軟。

1

先做布朗尼的部分，隔水加熱融化奶油。

2

完全融化後離火，再加入巧克力，用餘溫融化巧克力。

3

加入細砂糖，快速攪勻，細砂糖有溶解就可以。

4

蛋液分2次加入攪拌混勻，要完全融合再加下一次。

5

加入過篩粉類，用攪拌器輕輕的切、翻、拌，有點稠不好拌勻，但不要大力的攪。

6

布朗尼糊倒入鋪有烘焙紙的烤模，倒至約7～8
分滿，用上下火180℃烤30分鐘，放涼備用。

7

接下來做起士的部分，奶油乳酪攪打到柔軟滑
順，加入細砂糖用攪拌器拌勻。

8

鮮奶油大概打7分發，稠度和前面的乳酪餡差
不多，打發完成的鮮奶油加入乳酪盆拌勻，冷
藏備用。

9

乳酪餡倒入完成的布朗尼烤模中，將表面抹平
後放入冰箱冷藏2小時定型。

10

取出冷藏好的起士布朗尼，表面放上OREO碎
片就完成了。

- 溫度太高會導致巧克力油水分離，無鹽奶油
  加熱後的溫度融解就好，奶油熱度不夠時可
  以在下面放個熱水保溫。
- 鮮奶油等到要打發的前一刻再從冰箱取出，
  要冰冰的才好打發。
- 布朗尼放涼時要用保鮮膜封住貼著蛋糕表
  面，防止水分流失。

Tips!

曲奇

這是一款神奇小餅乾，
會讓大腦暫時刪除「熱量」這兩個字的意思。
配杯熱茶，隨時隨地都可以擁有美好時光！

材料

無水奶油…70g
糖粉…20g
玉米粉…25g
低筋麵粉…65g

草莓粉…5g
白巧克力…適量
草莓乾碎塊…適量

事前準備工作

◦ 糖粉過篩。
◦ 玉米粉、低筋麵粉一起過篩。
◦ 擠花袋。
◦ 白巧克力隔水加熱融化後，
　加入適量草莓粉並拌勻。

1

將無水奶油加入過篩糖粉。

2

用攪拌器輕拌的方式混合糖粉
和無水奶油，剛加入糖粉時，
太大力糖粉會飛走，混合後的
糖粉、無水奶油打軟，打到質
地細綿、顏色偏白的鵝黃色。

3

加入過篩的低筋麵粉、玉米粉。

4

無水奶油和粉類用刮刀從下往上徹底翻拌，有
一些粉會藏在下面，要小心。

5

混合完後加入過篩的草莓粉。

6

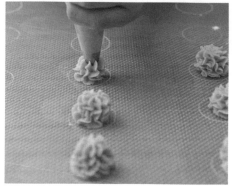

裝入擠花袋，整齊的擠在烤盤墊上，餅乾會再大一點，所以要留一點間距。

7

用上下火160℃烤15分鐘，烤到一半可以把烤盤轉向，上色會更均勻，出爐後放涼備用。

8

草莓乾切小塊。

9

曲奇沾上草莓巧克力後，再撒上一些草莓粒裝飾就完成了。

Tips!

○ 要紋路深可用密一點的花嘴。

○ 入烤箱前餅乾太軟可回冰箱冰一下，比較不容易癱軟。

○ 餅乾質地比較硬可以用布的擠花袋，如果是塑膠擠花袋可以裝雙層袋子。

○ 想要每一個都一樣大，可用小圓模沾一點麵粉壓在烤墊上。

木乃伊
焦糖瑪德蓮

法國經典小蛋糕加上一點創意，
與眾不同的瑪德蓮神秘登場！

Hello

材料

無鹽奶油…100g　　低筋麵粉…100g
泡打粉…4g　　　　蜂蜜…40g
細砂糖…40g　　　　鹽…1/4小匙
蛋…2顆　　　　　　裝飾用巧克力…適量

事前準備工作

◦ 一塊墊在鍋底降溫的濕布。
◦ 將蛋恢復室溫。
◦ 低筋麵粉、泡打粉、鹽一起過篩。

1

無鹽奶油用小火加熱，輕輕攪拌讓無鹽奶油均勻融化，過程中表面會產生很多白色的泡泡和氣體。

2

焦化的無鹽奶油會有濃濃的榛果香氣，鍋底也會有琥珀色的小渣渣，如果泡泡擋住鍋底，一定要撥開來看。

3

焦化完成後立刻離火，放到濕布上讓鍋子降溫，放旁邊備用。

4

蛋加入細砂糖和蜂蜜攪拌均勻，一直到沒有顆粒，細砂糖完全融化。

5

加入過篩粉類，均勻的上下翻拌，要輕一點免得出筋，粉類完全融合後的麵糊是滑順柔軟的。

6

焦化奶油分3次加入拌勻融合，每一次都要拌到完全融合再加下一次，完成後一樣是光滑的。

7

裝到擠花袋冷藏靜置6小時以上，冷藏取出後，先放在室溫10～20分鐘回溫。

8

怕不好脫模可以在烤模上塗油撒粉，麵糊均勻的擠在烤模上大概八分滿，上下火180℃，烤10分鐘。

9

用針戳看看熟了沒，出爐後馬上脫膜放涼。融化巧克力，畫上木乃伊圖案。

Tips!

。完成後的焦化奶油不只要離火，還要放在濕布上，因為鍋子殘留的溫度會讓奶油繼續升溫，這樣煮出來的奶油會帶苦，就不是焦化奶油了。

。瑪德蓮一出爐就可以脫模，因為冷了之後會黏在烤模上很難拿下來。

。剛烤好脫模的瑪德蓮比較軟，散熱時放在置涼架上怕會有網子的痕跡，所以要放在平平的烤盤上，這樣涼了以後就可以有圓圓膨膨的漂亮凸肚。

戀愛

地表最夢幻的鳳梨酥，
充滿粉紅泡泡的彩色餅皮
搭配酸酸甜甜的鳳梨餡，
像是戀愛一樣的酸甜滋味，只有吃過的人才懂！

材料

無鹽奶油…140g　　低筋麵粉…155g
糖粉…25g　　　　中筋麵粉…60g
蛋…1顆　　　　　土鳳梨餡…100g
奶粉…20g　　　　冬瓜餡…100g
起士粉…30g　　　食用色素…適量

事前準備工作

○ 蛋、奶油放至室溫軟化。

○ 糖粉過篩。

○ 奶粉、起士粉、低筋麵粉、中筋麵粉
　一起過篩。

1

將無鹽奶油打軟加入糖粉，打到質地細綿、顏色偏
白的鵝黃色，糖粉先輕拌到無鹽奶油裡再開始打。

2

蛋液分2～3次加入，少量多次的慢慢加入，每
一次都要完全融合再加下一次。

3

加入過篩粉類拌勻。

4

分三糰加入食用色素。

5

一個鳳梨酥內餡18g，混合冬瓜餡9g和土鳳梨餡9g。

6

皮30g、餡18g，重量差距在3g上下都沒關係。

7

包餡料的缺口一定要包緊，如果裂開可用手的溫度撫平，要平平的。

8

填入月餅模壓出小花型，烤上下火140℃，20分鐘。

Tips!

。烤的途中若已經上色，可以蓋上鋁箔紙，避免上色過頭。
。麵糰染色時，食用色素要慢慢加，一次加太多下手太重會不好看。
。夏天太熱，進烤箱前可以冷藏冰一下，花紋才不會不見。
。鳳梨內餡各半，酸甜度剛好又有鳳梨口味，可以依照自己喜歡的味道做調整。
。內餡包太多在加熱的過程中會爆開，包好後一定要確認有沒有缺口和裂縫。

水果彩虹

看似平凡的鮮奶油蛋糕裡面藏著
用水果層層疊出來的小彩虹，
每個季節可以換上不一樣的水果彩虹！

材料

草莓…適量
哈密瓜…適量
葡萄…適量
芒果…適量
奇異果…適量

戚風蛋糕

植物油…40g
鮮奶…60g
低筋麵粉…100g
蛋…6顆
細砂糖A…20g
細砂糖B…80g

鮮奶油

鮮奶油…500g
細砂糖C…50g

事前準備工作

◦ 低筋麵粉過篩。
◦ 常溫蛋分蛋，蛋白放入缸盆冷藏。
◦ 水果切片，厚度1公分左右，
　用餐巾紙吸乾表層水分。
◦ 兩個六寸分離烤模。

1

蛋黃加細砂糖A攪打到細砂糖融化，打發至蛋黃顏色偏白。

2

依序加入鮮奶拌勻再加入植物油，質地不一樣要邊加邊拌比較容易混合。

3

加入過篩低筋麵粉拌勻，太大力攪拌或時間過長會出筋，放旁邊備用。

4

取出蛋白打發，變成小泡泡就可以加細砂糖B。分3次加入細砂糖B打到乾性發泡，攪拌器舉起尾端一點微彎。

5

打發的蛋白加1/3倒入步驟3.拌勻，加入全部的蛋白，由下往上輕翻拌。

6

麵糊入模輕摔出汽泡，用上下火170℃烤30分鐘(2個6吋蛋糕)。

7

出烤箱重摔再倒扣，讓空氣順利排出。

8

冷卻後脫模切三層（2刀），切出一樣厚度的
蛋糕。

9

鮮奶油加細砂糖C，用中速打到拿起來尖尖的。

10

蛋糕上轉台先抹鮮奶油再放上水果，一層一層
的拼上去。

11

鮮奶油抹在最上面再抹側邊，不能抹太多次，
要不然鮮奶油會花掉。

。油要選用沒有味道的植物油，這樣才不會影
　響成品味道。
。蛋白打太發，烤出來的蛋糕會很爆不好看，
　不夠發會長不大，所以一定要尾巴直直的帶
　一點彎最剛好。
。水果放進蛋糕前一定要把水分稍微吸乾，若
　水果出水，蛋糕會變成爛爛的。

Tips!

藏心蛋糕

有些話一直想說卻說不出口嗎？
那就用蛋糕來幫你傳遞心意吧！
告白驚喜蛋糕～

材料

愛心
無鹽奶油…250g
細砂糖…250g
蛋…4顆
低筋麵粉…250g
泡打粉…2小匙
草莓粉…適量

原味
無鹽奶油…250g
細砂糖…250g
全蛋…4顆
低筋麵粉…250g
泡打粉…2小匙

事前準備工作

∘ 蛋、奶油放至室溫軟化。
∘ 蛋均勻打散成蛋液。
∘ 愛心的低筋麵粉、泡打粉、草莓粉一起過篩。
∘ 原味的低筋麵粉、泡打粉一起過篩。
∘ 烤模鋪上烘焙紙。

1

先做愛心蛋糕，無鹽奶油打軟加入細砂糖，打到質地細綿、顏色偏白的鵝黃色。

2

蛋液分2～3次加入奶油糊，少量多次的慢慢加入，每一次都要完全融合再加下一次。

3

加入過篩的粉類拌勻，太大力攪拌或時間過長會出筋，入模烤上下火160℃30分鐘。

4

用針戳測試熟度，脫模放涼，切片壓出愛心形狀，放旁邊備用。

5

接下來做原味蛋糕，無鹽奶油打軟加入細砂糖，打到質地細綿、顏色偏白的鵝黃色。

6

蛋液分2～3次加入奶油糊，少量多次的慢慢加入，每一次都要完全融合再加下一次。

7

加入過篩的粉類拌勻，輕輕翻拌避免出筋。

8

麵糊1/3入模鋪平，放入愛心蛋糕，排列要緊位置才不會跑掉。

9

倒入剩下的蛋糕糊烤上下火160℃，15分鐘出來表面切一刀，再烤15分鐘，用針戳測試熟度再出爐。

○ 粉紅色的愛心蛋糕放涼後可以拿去冷凍庫冰30分鐘，變硬一點再壓愛心形狀。

○ 想找自己麻煩可以挑戰做多色愛心，做步驟5.和6.後分成三等份，分別加入三種想要的顏色，再繼續做步驟7.，三色麵糊分別放入小烤盤，烤好再把愛心排一排。

Tips!

千層捲

這幾年少女的心都被千層蛋糕擄走了，
充滿誠意的層層疊蛋糕，
在蛋糕櫃看到很難不帶它走，
吃下一口滿滿的幸福全寫在臉上！

材料

麵皮
無鹽奶油…15g
細砂糖…35g
蛋…2顆
低筋麵粉…105g
鮮奶…250g
可可粉…10g

鮮奶油
鮮奶油…400g
巧克力醬…80g

事前準備工作

○ 鮮奶、蛋混拌均勻。
○ 融化無鹽奶油。
○ 粉類一起過篩。

1

低筋麵粉、可可粉和細砂糖混合均勻。

2

加入鮮奶、蛋液、融化無鹽奶油拌勻，攪拌器貼在鋼盆底，同一方向轉拌，不要攪太多次，完成後過篩冷藏6小時以上。

3

鍋底會有沉澱，使用前要拌勻，濃稠度要像濃湯，倒進鍋裡才容易轉鍋。

4

不沾平底鍋開中、小火先溫熱鍋子，再薄薄塗上一層無鹽奶油。麵糊在鍋裡才容易轉鍋。

5

邊轉動鍋子邊加入麵糊。

6

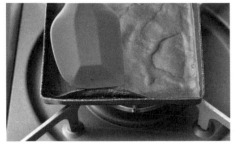

鍋邊麵皮翻一些起來就可翻面。

7

鮮奶油加入巧克力醬打到8分發。

8

一層一層抹平，夾層鮮奶油厚度0.1cm左右，
吃的時候才不會太乾。

9

抹平後，6片為一單位交疊捲起。

10

上層淋上打5分發的鮮奶油，再撒上可可粉
即可。

- 鍋子溫度過高時，麵糊加入會產生很多氣孔，所以要隨時注意溫度。
- 麵皮入鍋前如果太稠，可以少量的加入鮮奶調到剛好的稠度，加太多太稀會太薄無法成形。
- 麵糊可以前一天先調好放隔夜，裡頭的材料可以融合得更完全，吃起來更好吃。
- 煎麵皮時如果沒有黏鍋，可以不用一直塗無鹽奶油。

Tips!

眼淚是珍珠

童話故事裡說珍珠是人魚的眼淚，
這是一個可愛到令人想哭的精緻甜點，
加一點創意做出美美的達克瓦茲！

材料

草莓粉…5g
杏仁粉…45g
低筋麵粉…25g
糖粉…25g
蛋白…3顆
細砂糖…25g

貝殼表面
糖粉…適量
鮮奶油
鮮奶油…100g
細砂糖…10g

事前準備工作

◦ 蛋均勻打散成蛋液。
◦ 蛋、奶油放至室溫軟化。
◦ 草莓粉、杏仁粉、低筋麵粉、糖粉一起過篩。
◦ 烤盤鋪烘焙紙。

1

蛋白打發到泡泡變小，細砂糖分2次慢慢加入，打至8分發狀態。

2

將過篩的粉類邊加入邊翻拌至均勻，太大力或拌太久會消泡。

3

麵糊裝入擠花袋中，使用圓花嘴，擠出多個水滴形狀連在一起就是貝殼了。

4

在貝殼表面均勻撒上糖粉，等全部吸收後再撒一次。

5

放入烤箱，烤溫上下火130℃，烤20分鐘，出爐放涼備用。

6

微涼定型後才可以取下放置在網架放涼。

7

打發鮮奶油只有擠在波浪邊，尾巴要合在一起所以不要擠太多。

8

兩片合上放進白色珍珠糖。

Tips!

。打發蛋白時，電動攪拌器可以調成中速，快完成的時候可以調成慢速，讓裡面大氣泡排出，這樣蛋白會變得更細緻堅固。
。步驟5.撒第二次糖粉後，如果還是全部被吸收，那就要再撒第三次，進烤箱前表面一定要有糖粉才可以烤。
。表面的糖粉要均勻的撒上才可以烤出漂亮的顏色。

愛的抱抱

喜歡什麼抱什麼，一個可以量身訂作的餅乾，
創造一個屬於自己的點心，其實一點都不難！

材料 無鹽奶油…120g、糖粉…80g、蛋…1顆、鹽…少許、
低筋麵粉…260g、食用色素…適量

事前準備工作
◦ 低筋麵粉過篩。
◦ 糖粉過篩。
◦ 無鹽奶油放至室溫軟化。
◦ 室溫蛋均勻打散成蛋液。
◦ 烤盤鋪上烘焙紙。

1

將無鹽奶油打軟加入過篩後的糖粉，打到質地細綿、顏色偏白的鵝黃色。

2

蛋液分2次加入步驟1.，少量多次的慢慢加入，每一次都要完全融合再加下一次。

3

加入過篩後的低筋麵粉和鹽，攪拌到完全均勻成糰。取50g麵糰，加入適量食用色素染成紅色，將所有麵糰放入冷藏半小時以上。

4

餅乾糰取出，擀平厚度0.3公分左右。

5

壓型後一片一片放上烤盤，再壓出紅色愛心，放到小熊胸口位置。

6

小熊手向內彎抱住愛心，確定位置後稍微壓一下固定，小心太硬的麵糰手彎曲後會斷。接著放上烤盤，上下火160℃烤20分鐘（10分鐘轉方向）。

Tips!

◦ 小動物的手彎成抱抱很容易斷，所以餅乾麵糰不能冰到太硬，進烤箱前一定要檢查手肘有沒有裂縫。

◦ 小熊也可以抱最喜歡吃的鮭魚，把一些麵糰染色後壓出魚的形狀，或是愛心壓上喜歡的字。

Aloha

夏日風情

台灣的夏天比冬天長，只要天氣一熱常常都沒有胃口，但身體裡有一個很特別的器官，它的名字叫做「甜點胃」，是一年四季都可以說開就開，而且常常一開就關不起來。

有一些甜點是光看就有涼爽的感覺，夏天的炎熱煩躁感馬上一掃而空！這個單元介紹的甜點都超級療癒，吃進去的瞬間好心情馬上來敲門，或是外表會讓人忍不住驚呼：「哇！夏天終於來了！」充滿清爽的夏日風味。

一年四季之中，我最喜歡夏天，感覺整個世界因為夏天的到來變得朝氣蓬勃，可以躺在海邊曬著太陽是我覺得最幸福的事之一。我和大多數的人不一樣，覺得要追求美白倒不如晒出一身漂亮的古銅色，夏天還有一個讓我非愛不可的原因，就是可以穿少少的出門，完全不用大包小包帶一堆東西很麻煩，你也和我一樣熱愛夏天嗎？

製作過程很痛苦，做完成就感破表

這個單元的清涼風甜點中有個很可愛的西瓜餅乾，它屬於「冰箱餅乾」，冰硬之後做切割再烤焙。製作過程有點像醫生在手術台上做解剖，你必須先熟悉這個圖案的每個細節，然後在腦海裡一一分解結構、排列順序，等到一切都準備就緒、有十足的把握再下手。完成西瓜成品後，我又繼續做檸檬餅乾、彩虹餅乾，滿足我喜歡玩排列組合的癖好，簡直停不下來。

開始做甜點之前我會先想好設計圖，還有想想看有沒有什麼捷徑可以走，等到完全融會貫通後才開始，第一個步驟做好之後，把麵糰拿去冰箱，冰到夠硬之後再繼續第二層、第三層，一步一步慢慢做。每次在做的時候都覺得超痛苦，覺得我為什麼要找自己麻煩，而且還要收拾善後，但看到完成品後又覺得好有成就感，下次還想再做更多不一樣的。

我喜歡自己做甜點，因為可以調整成屬於自己的味道，自做自吃超滿足！但有時候靠自己一個人真的很難吃完，做太多的時候我會跟家人和朋友分享，也會詢問他們的意見。我是個很難搞的人，有時候超級喜新厭舊，看到什麼新鮮的事物就想嘗試，但有時候我又可以同樣的東西一直吃很久都不會膩，直到某一天突然覺得「好膩喔！」才放手。所以不管是在我店裡蛋糕櫃的甜點或是分給親友的

甜點，都不用擔心重複吃到吐，我會挖空心思，不斷做變化。

　　之前「食尚玩家」去希臘出外景，人美心更美的導遊拿了一種叫雪球餅乾的甜點給我們吃，說是昨天晚上他自己做的、希臘人很常吃的餅乾，我們大家一吃都覺得好好吃！回台灣之後有位同事念念不忘，說：「好想再吃到，莎莎妳可以做嗎？」我不想認輸的個性立馬大爆發，下班後就開始研究製作；我姊姊的小孩如果看到書或電視上有好吃的甜點也都會來跟我說：「這個看起來好像很好吃～」我這個阿姨也會立刻燃起烘焙魂滿足他們。我好喜歡看到他們吃了之後笑嘻嘻的表情！

🍫 走進烘焙材料行失心瘋

　　對很多女生來說，逛街就是要買漂亮的衣服，但從愛上烘焙那一天開始，我變成看到烘焙材料店或是超市、材料行就忍不住走進去，然後一進去就出不來了！

　　在土耳其出外景的時候，我看到一家材料店就不由自主的走進去，那家店裡裡外外都超級無聊，我邊逛邊罵覺得好浪費時間，但出來後還是買了三、四樣東西。

　　不管到哪個國家，工作夥伴都已經很習慣我會在材料行逛半天，真的是半天！這次食譜中的「曲奇」，就是參考香港賣到翻天的小熊餅乾做法，因為它實在太好吃了！為了做出接近的口感，我在網路上看到有人說一定要用當地的「金桶奶油」（無水奶油的一種），所以上次去香港出外景時搬了一堆回來，有時候也覺得自己很誇張！

　　還有一次去美國工作，我逛超市時隨手買了香草莢醬，結果回來試用後超級後悔，因為它的瓶口設計很特別，擠壓瓶身流出需要的量後，手一放開，香草莢就會「咻～」的一聲縮回去，所以瓶口不會髒髒黏黏的。我拿給見過大風大浪的陳師父看，他也讚不絕口！

　　愛上烘焙就是這樣，遇到好東西就會毫不猶豫的買下來，有時買太狂，還會忘記之前買過什麼東西，回家時才發現：怎麼有重複的餅乾模型，而且還不只一個。但是這樣的過程，真的讓我好滿足好開心喔！

浣熊泰泰

撒哇迪喀～
充滿夏日風情的泰式奶茶慕斯
搭配可愛的浣熊小臉，療癒系的夏日甜點！

材料

小圓形蛋糕…5個	細砂糖…25g
杏仁塔…5個	泰式奶茶…150g
吉利丁片…3片	鮮奶油…125g
蛋黃…1個	塑形巧克力…少許

事前準備工作

- 烤杏仁塔。
- 吉利丁片泡冰水。
- 戚風蛋糕壓出小圓形。

1

泰式奶茶用小火煮到鍋邊有小泡泡離火，把吉利丁片多餘水分擠出後加入拌勻。

2

蛋黃加細砂糖混和均勻。

3

剛剛煮好的泰式奶茶加入蛋黃一起混合拌勻，再用小火煮至83℃，降溫備用。

4

鮮奶油打7分發後加入泰式奶茶蛋液中拌勻。

5

倒入半圓形矽膠模，差不多8分滿。

6

放入蛋糕底，稍微輕輕的往下壓，塞滿整個模型，太大力會把泰式奶茶慕斯擠出，要小心，接著冷凍10小時以上。

7

從冷凍庫快狠準的把蛋糕從矽膠模翻出，一定要冰得夠硬才好脫模。

8

脫模完成的泰式奶茶慕斯放在烤好的杏仁塔上，用塑形巧克力壓出浣熊的五官，再放到浣熊臉上。

| Tips! |

- 泰式奶茶可用泰式奶茶的即溶粉泡的，使用上非常方便，但唯一缺點是裡面含糖，所以步驟4.的鮮奶油就不加糖，直接打發，所以使用前一定要先確認茶的甜度。
- 矽膠模比較軟不好拿，可以放在烤盤上，方便移動進冰箱冷凍，避免不小心打翻。
- 泰式奶茶慕斯在冷凍庫的時候盡量不要開冰箱，這樣可以保持溫度，越冰越硬就可以輕易脫膜，最好可以冰10個小時以上。
- 杏仁塔製作方式在「百搭好用」，甜塔皮中加入杏仁餡一起烘烤，有內餡所以塔皮不會澎起，不用加重石。

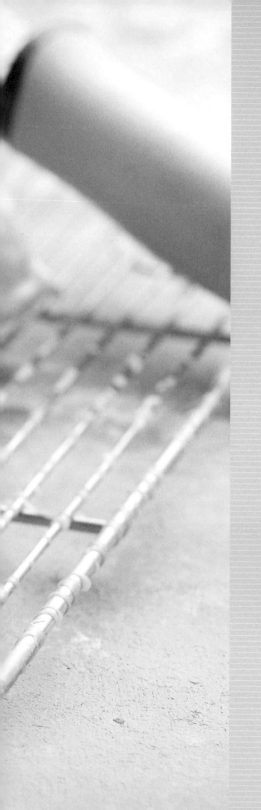

老奶奶檸檬蛋糕

炎炎夏日吃什麼都沒胃口，
讓酸酸甜甜的檸檬蛋糕紓解煩悶的心情，
冰冰的吃也好開胃！

材料

蛋糕

無鹽奶油⋯75g
鮮奶⋯15g
檸檬汁⋯20g
檸檬皮⋯1顆
蛋⋯2顆
細砂糖⋯55g

低筋麵粉⋯100g
鹽⋯少許

糖霜

檸檬汁⋯25g
糖粉⋯100g
檸檬皮⋯適量

事前準備工作

- 低筋麵粉和鹽一起過篩備用。
- 蛋、無鹽奶油放至室溫軟化。
- 刨檸檬的綠色外皮後，再切半擠出檸檬汁。
- 烤模內側抹上薄薄的無鹽奶油。

1

無鹽奶油、鮮奶、檸檬汁、檸檬皮隔水加熱拌到無鹽奶油融化、均勻混合。

2

蛋打發到泡泡變小後，分3次加入細砂糖繼續打發，需要花點時間和耐心。

3

打發完全的麵糊可以在拉起攪拌器時，在表面寫個8，維持數秒不消失。

4

在打發的麵糊裡分2次加入過篩低筋麵粉、鹽。

5

把剛剛混合均勻的步驟1.奶油檸檬先加入1/3拌勻，一次全下會破壞麵糊的組織，導致消泡。

6

把剩下的2/3全部再加進去輕輕翻拌均勻，倒入抹好無鹽奶油的烤模，以上下火170℃烤25分鐘。

7

出爐前用針戳戳看，如果有沾黏就是還沒熟，取出蛋糕摔一下，倒扣在網架上放涼。

8

接下來做檸檬糖霜，檸檬汁加入過篩糖粉拌勻即可。

9

蛋糕脫模後均勻淋上檸檬糖霜，撒上檸檬皮。

| Tips! |

◦ 全蛋打發沒有打過頭的問題，一定要有耐心打到可以寫字，不夠發的蛋糕烤出來會扁扁的，吃起來扎實沒有彈性。

◦ 想加快打發速度可以在底下放盆熱水，溫度差不多在40℃，就是用手摸會有一點點微燙的熱度；溫度太高也不好，會破壞蛋糕組織，麵糊會容易消泡。

◦ 出爐後要摔一下，把裡面的熱氣排出，少了這個動作，蛋糕涼了之後會內縮不蓬鬆。

清涼一下

視覺和味覺都充滿著滿滿的清涼感，
三種乳製品搭配出濃而不膩的奶香，
藍藍的大海帶著淡淡的柑橘香氣，
我愛夏天～

材料

餅乾底
無鹽奶油…30g
消化餅乾屑…90g

生乳酪
奶油乳酪…240g
馬斯卡朋起士…60g
鮮奶油…200g

細砂糖…30g
吉利丁片A…4片

果凍
藍柑橘果露…適量
透明汽水…100ml
吉利丁片B…1片

事前準備工作

◦ 烤模圍上透明圍邊。
◦ 泡軟吉利丁片。
◦ 奶油乳酪、馬斯卡朋起士室溫放軟。

1

把無鹽奶油融成液體，倒入裝有餅乾屑的袋子，揉捏均勻讓每一個餅乾都吸到無鹽奶油。

2

倒入烤模一定要壓平、壓緊，不然容易鬆散。可放進冰箱冰30分鐘，讓結構更緊實。

3

奶油乳酪攪打到柔軟滑順，加入馬斯卡朋起士一起攪拌均勻。

4

鮮奶油加細砂糖大概打7分發，稠度和前面的乳酪餡差不多，把打發的鮮奶油加入乳酪盆拌勻。

5

吉利丁片A擠乾多餘水分，微波加熱變液體就可以取出，倒進乳酪盆邊加入邊拌勻。

6

倒進烤模放入冰箱冷藏4個小時以上。

7

藍柑橘果露少量多次的加入汽水，直到自己想要的顏色。

8

加熱果凍食材裡的吉利丁片B，倒入藍柑橘汽水裡邊加邊拌。

9

完成後降溫至20℃備用，降溫時可以輕拌製造泡泡效果。

10

淋上藍柑橘果凍，插上小傘和裝飾品。

Tips!

。鮮奶油一定要冰冰的才好打發，夏天可以在底下墊個冰塊盆保持溫度。

。吉利丁片加熱只要變成液體就可以了，太高溫會產生臭味。

水果
起士總匯

以中醫學的角度來說冰是毒，
炎炎夏日真的好想來個涼爽的甜點，
那就用水果配上滿滿的奶香來療癒一下吧！

材料

當季新鮮水果…適量	檸檬皮…半顆
乳酪	檸檬汁…1小匙
奶油乳酪…150g	蛋黃液…適量
馬斯卡朋起士…90g	**酸奶**
細砂糖…30g	酸奶…150g
蛋…1顆	糖粉…20g

事前準備工作

- 甜塔皮1份。
- 奶油乳酪、馬斯卡朋起士放至室溫軟化。
- 檸檬皮、細砂糖混拌一起。

1

塔皮盲烤10分鐘，取出塗上蛋黃液再烤5分鐘，放涼備用。

2

奶油乳酪攪打到柔軟滑順，加入馬斯卡朋起士一起攪拌均勻。

3

加入檸檬細砂糖，攪拌到沒有糖的顆粒感。

4

蛋、檸檬汁攪拌混合進乳酪餡。

5

過篩乳酪餡，可以再次檢查有沒有攪拌均勻，吃起來更滑順。

6

乳酪餡加入塔模，烤上下火160℃ 40分鐘，放涼備用。

7

酸奶加入過篩糖粉拌勻。

8

起士塔脫模後把酸奶加在上面，均勻抹開。

9

放上當季新鮮水果裝飾。

- 檸檬皮和細砂糖拌勻時可以按摩抓一抓，讓皮裡的油脂融入細砂糖。
- 塔皮刷上蛋黃液再回烤可以延遲餡料的濕氣滲入，維持塔皮的酥香口感。
- 酸奶是在無鹽奶油中加入酵母菌做成的，優格是在牛奶裡加入酵母菌，兩個是不一樣的東西喔！
- 盲烤是避免塔皮在烤的過程中膨脹，所以進烤箱前要記得放入重石。

Tips!

燕麥餅乾

夏天是展露身材的戰場，
同時也不想虧待自己的口腹之慾，
換個方法做出好吃的點心，
選用對身體較沒負擔的黑糖，
餡料就用好消化的燕麥來取代！

材料

無鹽奶油⋯90g　　泡打粉⋯適量
黑糖⋯80g　　　　鹽⋯少許
蛋⋯1顆　　　　　燕麥片⋯150g
中筋麵粉⋯85g

事前準備工作

○ 蛋、奶油放至室溫軟化。
○ 黑糖過篩。
○ 中筋麵粉、泡打粉、鹽，一起過篩。

1

將無鹽奶油打軟，打到質地細綿、顏色偏白的鵝黃色。

2

加入過篩黑糖。

3

用輕拌的方式加入黑糖，從底下翻拌上來徹底拌勻。

4

蛋液分次加入，少量多次的慢慢加入，每一次都要完全融合再加下一次。

5

加入一起過篩的中筋麵粉、泡打粉、鹽。

6

用翻拌的方式融合無鹽奶油和粉類，次數過多或力道太大會出筋影響成品口感。

7

加入燕麥片輕輕翻拌均勻。

8

成糰後用保鮮膜包住，冷藏靜置30分鐘。

9

靜置完成後分成適當的大小做成小熊頭造型，用挖冰淇淋的勺子可以等量的均分。

10

1大2小的燕麥餅乾球先製作臉再做耳朵，上下火170℃烤15分鐘，烤到一半可以把烤盤轉向，上色會更均勻。

| Tips! |

- 燕麥要挑選即溶燕麥吃起來比較柔軟。
- 這款餅乾用對身體比較沒有負擔的黑糖，所以烤出來餅乾的顏色會偏深，可以放在最下層烤，上色比較沒那麼快。
- 每一次烤餅乾的時間、溫度都一樣，但每一天的溫度和濕度都不太一樣，所以出爐前還是要摸摸看，確定有熟再拿出來。
- 剛烤好的餅乾如果有一點點偏軟就是熟了，不要等到摸起來很硬才出烤箱，放涼後沒熟的餅乾可以回烤箱再烤一下，但烤太熟的就沒救了。

熊厚呷

清新的水果香甜
配上舒服溫柔的可爾必思鮮奶油，
酸酸甜甜的清爽滋味，
開心熊厚呷下午茶時光！

材料

杏仁粉…45g　　杏仁塔…數個
低筋麵粉…25g　撒表面糖粉…適量
糖粉…25g　　　**鮮奶油**
蛋白…3顆　　　鮮奶油…150g
細砂糖…25g　　可爾必思…50g
哈密瓜…適量

事前準備工作

◦ 烤盤鋪烘焙紙。
◦ 杏仁粉、低筋麵粉、糖粉一起過篩。
◦ 哈密瓜挖成一球一球。
◦ 烤好的圓形杏仁塔。

1

蛋白打發到泡泡變小，細砂糖分2次慢慢加入，打至8分發狀態。

2

將過篩的粉類邊加入邊翻拌至均勻，太大力或拌太久會消泡。

3

將拌勻的蛋白麵糊裝入擠花袋中，使用圓形花嘴擠在造型模裡，再用L型抹刀抹至平整。

4

將模型輕輕的拿起，邊緣會有點沾黏，要小心，不要太粗魯。

5

在熊頭表面均勻撒上糖粉，等全部吸收後再撒一次。

絕對味蕾昇天的莎莎的第 1 本私房甜點書！

HALO！沙沙的甜點小宇宙

莎莎——著

快來跟莎莎一起遨遊甜點小宇宙，水果彩虹，藏心蛋糕，冰冰夏日本款甜點只要加點小巧思，煩膩讓你忍不住拍照上傳！老奶奶檸檬蛋糕、西瓜餅乾……失去夏日本款甜點只要加點小巧思，煩膩感馬上一掃而空！覆盆子玫瑰、草莓塔、嚐出當季水果搭配，新手也能變達人！反轉纏果、巧克力拼盤……生日、情人節、母親節，用滿滿的心意做出獨一無二的無敵甜點！

第二部感動完結篇！為了最愛的家人，梅因決定踏上未知的道路！

小書痴的下剋上
第二部 神殿的見習巫女 IV

香月美夜——著　椎名優——繪

歷經漫長的冬季，明媚的春天終於再度降臨。但艾倫菲斯特特創爛漫著嫌惡的氣息，今後的動向同，各方人馬拼加速展開行動。梅因一面幫忙照顧剛出生的弟弟加米爾，一面積極開發彩色墨水製作新書。沒想到外地貴族造訪城裡，打算強行帶走梅因。想要保護心愛的家人和待從、光靠梅因的魔力還不夠，她必須下定決心，作出最沉痛的決定……

讀樂 HAPPY READING

2018.07

皇冠文化集團
www.crown.com.tw

馬奎斯最後的長篇小說作品首度授權繁體中文版！

關於愛
與其他的惡魔

加布列‧賈西亞‧馬奎斯 ─著

與《百年孤寂》、《愛在瘟疫蔓延時》並列馬奎斯
最受歡迎的三大長篇巨作！
已改編拍成電影《馬奎斯之愛與群魔》！

在一場驅魔儀式前夕，一個奇怪的夢：一頭古銅色長髮的少女坐在窗前吃著葡萄，藤上的葡萄卻怎麼樣也吃不完。隔天，德勞拉神父見到即將執行驅魔的對象後大吃一驚，因為她竟然就是夢中的那位長髮少女……馬奎斯延續《百年孤寂》的魔幻基調，進一步探討比「死亡」更重要的主題──「愛情」。愛情是天使，讓人感受到無上的歡愉；愛情也是惡魔，它同時帶來了深沉的悲傷。我們總是忍不住跟惡魔做交易，付出的代價卻是漫長的痛苦……

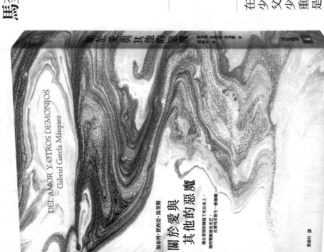

DEL AMOR Y OTROS DEMONIOS
Gabriel García Márquez

關於愛與
其他的惡魔

加布列‧賈西亞‧馬奎斯

6

放入烤箱，烤溫上下火120℃，烤20分鐘後出爐放涼備用，微涼定型後才可以取下在網架放涼。

7

鮮奶油加入可爾必思一起打至8分發。

8

烤好的塔皮加入可爾必思鮮奶油，疊上哈密瓜球。

9

熊頭用巧克力畫上五官，一切準備完成後疊放在哈密瓜上。

◦ 哈密瓜容易出水，所以一定要先把表面的水分稍微吸乾才能放上去，也可以換成水分比較少的覆盆子。

◦ 鮮奶油和可爾必思一定都要保持冰冰的才好打發，可爾必思是發酵乳，味道比較濃，不是一般喝的可爾必思。

◦ 達克瓦茲造型模使用前可以噴一點水在邊緣防沾黏。

◦ 達克瓦茲也可以用糖霜畫出喜歡的圖案。

|Tips!|

西瓜餅乾

像是玩推理遊戲一樣，
一點一點的研究出排列順序，
再慢慢拼湊成想像中的樣子，
耐心是做西瓜餅乾的不二法門。
夏日造型餅乾卡娃伊！

材料

無鹽奶油…120g　　鹽…少許
糖粉…80g　　　　低筋麵粉…260g
蛋…1顆　　　　　食用色素紅、綠…適量

事前準備工作

○ 低筋麵粉和鹽一起過篩。
○ 糖粉過篩。
○ 無鹽奶油放至室溫軟化。
○ 室溫蛋均勻打散成蛋液。
○ 烤盤鋪上烘焙紙。

1

將無鹽奶油打軟加入過篩後的
糖粉，打到質地細綿、顏色偏
白的鵝黃色。

2

蛋液分2次加入步驟1.，少量多
次的慢慢加入，每一次都要完
全融合再加下一次。

3

加入過篩後的低筋麵粉和鹽，
攪拌均勻。

4

分四糰，紅色染2/4，綠色染1/4，剩下是原
色，冷藏半小時。

5

紅色餅乾糰滾成圓柱形，可用厚紙板幫助定
型，冷凍冰1小時。

6

原色餅乾糰擀平約0.2公分，包在冷凍過後的
紅色餅乾外層，完成後冷凍冰1小時。

7

綠色餅乾糰擀平約0.4公分，包在冷凍過後的
餅乾糰外層，完成後冷凍冰1小時。

8

在餅乾糰上量好每片的厚度再一片一片切下，
放上烤盤烤上下火160℃，20分鐘（10分鐘轉
方向）。

9

出爐後放涼，用食用色素筆畫上西瓜子。

| Tips! |

○ 麵糰染色時顏色要一點一點慢慢加，每次把顏色全混合進去，不夠再加。餅乾烤過會有一點點上色，
　所以顏色調太深，烤完會髒髒的。
○ 造型餅乾顏色很重要，烤到一半如果已經上色但餅乾還沒熟，就在餅乾上放張鋁箔紙避免上色。
○ 每一次造型完都要冰到冷凍庫變很硬，再做下一個步驟，西瓜子也可以用巧克力替代。

杏仁瓦片

清爽無負擔的薄片餅乾，
少少的分量和少少的熱量，
滿足你想吃甜點的慾望，只要蛋白的經典餅乾歐伊西！

材料

蛋白…60g　　低筋麵粉…45g
細砂糖…55g　　杏仁片…120g
鹽…少許
無鹽奶油…30g

事前準備工作

○ 低筋麵粉過篩。
○ 無鹽奶油加熱融化。
○ 烤盤鋪上烘焙紙。

1

蛋白加細砂糖、鹽混合均勻，不要攪到發泡，有勻就好。

2

加入過篩低筋麵粉拌勻，要拌到沒有粉粒。

3

加入融化後的液態無鹽奶油拌勻，不要攪拌過度。

4

加入杏仁片拌勻，用翻拌的方式避免杏仁片碎裂。冷藏靜置30分鐘。

5

用小湯匙挖出一片的分量，均勻鋪在烤盤上，杏仁片不要重疊，烤150℃，20分鐘。

6

剛出爐會有一點軟，等到涼一點比較堅固再從烤盤拿下來。

\Tips!/

○ 最花時間的是把麵糊鋪在烤盤上，厚薄度要一樣，烤起來顏色才會均勻漂亮，杏仁片重疊在一起會太厚烤不熟，太黏分不開可以沾點水會比較好用。
○ 冷藏靜置是為了讓各個食材完全融合，不可以省略，靜置完成後要稍微拌勻混合一下再取出鋪在烤盤上。

雙拼奶酪

看似簡單的奶酪微調一下配方，
再加入一些龜毛的個性，自己的夏日甜品自己做，
親子手作甜點的好選擇！

材料　**芒果**
芒果果泥…120g、鮮奶油…60g、鮮奶…60g、細砂糖…10g、吉利丁片…2片

原味
鮮奶油…120g、鮮奶…120g、細砂糖…25g、吉利丁片…2片

事前準備工作
◦ 芒果果泥回溫。　◦ 芒果切塊。
◦ 吉利丁片泡軟。

1

先做芒果部分，鮮奶油、細砂糖、鮮奶和芒果果泥煮到鍋邊冒小泡，大約40℃。

2

把泡軟的吉利丁片從冰水中取出，將多餘水分擠出，加入步驟1.。

3

完成後倒入至杯子的五分之一，冷藏2小時。

4

接下來做原味的，鮮奶油、細砂糖、鮮奶煮到鍋邊冒小泡就可以離火，大約40℃。

5

將擠乾的吉利丁片加入熱牛奶中拌勻，稍放涼後加入至杯子五分之二，冷藏2小時（再重複倒入芒果、原味奶酪）。

6

奶酪四層完成後，上層放入一些芒果泥和芒果塊。

| Tips! |

◦ 可以依照自己的口味去調整鮮奶油和鮮奶的比例，想要奶味重一點可以多加一點鮮奶油，當然也可以全部換成鮮奶加一些香草莢一起煮。
◦ 配方裡使用的是冷凍的果泥，沒有季節性的問題，隨時都有，是懶惰不想處理水果的好幫手。
◦ 堆疊每一層奶酪前都要先確認上一層是否已經凝固，剛煮好的奶酪要稍微降溫，避免影響杯中奶酪。
◦ 芒果、原味奶酪可以一次煮好，分兩次加入，第一層冷藏時如果剩下的奶酪凝固，可以再回溫到液態再倒入。

蘋果派

外面做的甜點好吃，
有些味道就是差那麼一點點，
自己手作的迷人之處就在於
可以依照喜好做出屬於自己的味道。

材料

蘋果…220g　　檸檬汁…1/2匙
（約2顆）　　現成酥皮…11片
無鹽奶油…30g　焦糖醬…適量
細砂糖…30g

事前準備工作

◦ 蘋果切片約0.3公分，去核泡在冰檸檬水裡。

1

無鹽奶油、細砂糖和檸檬汁加熱拌勻到細砂糖融化，接著把蘋果放入煮到微軟。

2

判斷蘋果好了沒，可以折U型就代表夠軟了，即可取出備用。

3

壓出9～11個左右的愛心形狀酥皮，和一個6吋的圓形底層酥皮，放進紙模裡中間壓緊，放進冰箱備用。

4

一片酥皮平均切成三等份。

5

切好的酥皮接在一起變成一長條，用擀麵棍壓平接縫處，整條酥皮平整均勻，壓好後在上面塗上一層薄薄的焦糖醬。

6

酥皮頭尾各留2公分，蘋果片圓弧形那一面朝上放在酥皮中間，一片一片交疊在前一片的1/3處，反折下面的酥皮把蘋果包起來。

7

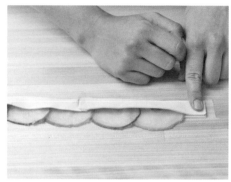

完成後最開頭的酥皮反折處壓緊，避免捲的過程中蘋果跑出來。

8

從尾巴慢慢的捲起來，越緊越好，要不然烤的時候會鬆掉。

9

捲好後放進6吋烤模，這樣可以防止酥皮太誇張的長大，烤上下火180℃，20分。

Tips!

。酥皮的奶油含量很多，容易軟化不好操作，一片一片拿出來保持低溫，避免一次全部拿出來。

。焦糖醬只是讓蘋果可以黏住，太多會使酥皮變成濕濕軟軟的，另外也要記得把蘋果片的水分稍微瀝乾。

。蘋果玫瑰要在下層烤，這樣才不會烤一下上面就焦了，如果不小心烤太黑也可以撒一些糖粉裝飾。

牛奶糖

我是個喜歡用零食交朋友的人，
想要更加深別人對你的印象，
那就拿出自己手作的牛奶糖吧！

材料 鮮奶油…140g　麥芽糖…25g
　　　　鮮奶…170g　玫瑰鹽…適量
　　　　細砂糖…70g

事前準備工作 ◦ 模具內擦上薄薄一層食用油。 ◦ 測試糖軟硬度的冰水一杯。

1

玫瑰鹽之外的全部材料入鍋用中火煮。

2

煮滾之後轉小火繼續煮到濃稠，過程中要攪拌避免燒焦。

3

一直煮到深褐色，大概需要30分鐘左右，溫度在130℃左右。

4

溫度到了後可以取一小糰滴進冰水裡，捏捏看是不是你要的硬度。

5

完成後離火，倒入模具，沸騰的糖溫度很高要小心。

6

冷卻15分鐘後撒上玫瑰鹽壓平鋪勻，涼透後可以放冷藏冰一下。

7

切成喜歡的大小，刀子抹點油會比較不黏好切。

Tips!

◦ 鮮奶油一定要用動物性鮮奶油，植物性鮮奶油會在加熱過程中油脂分離，無法製作。

◦ 不確定糖要煮到什麼狀態可以用溫度來判斷，115℃是軟糖的口感，想要硬一點帶點脆度是150℃，超過170℃就是煮過頭，變苦糖了。

Lovely

從高中傻裡傻氣的踏進烘焙世界，到現在開一間屬於自己的小店，製作自己喜愛的甜點，我覺得甜點的學問就像打電玩一樣，過了這關又有另一關。有些甜點看起來好像很簡單，但其實做起來根本不是這麼一回事，或是你在家做了一百次，每次做都還是差那麼一點點，這時候就是需要高人指點啦！這個單元就是要幫助初學者立馬升級到高手階段！

遇到撞牆期，甜點師傅神助

陳師父在這個單元中不藏私的分享很多製作的細節與小撇步，對於做甜點做到進入撞牆期，怎麼樣都卡關走不出來的人來說，一定可以快速破關。

我心中的魔鬼蛋糕是戚風蛋糕，雖然是基礎入門烘焙，但是超難！溫度要控制好、攪拌不能過度、蛋白要拿去冰一下、維持蛋的新鮮度……所有條件都很重要。廚房是我的快樂天堂也是我的撞牆地獄，有時候不管怎麼做都無法成功，這時我的四周就會產生一大團的隱形火焰，旁邊的人都不敢靠近我，能躲就躲，但當我看到終於成功的完美戚風蛋糕時那種快樂是會持續好多天的，這種開心的氛圍連旁人也都會替我大大的鬆一口氣！

這麼辛苦的烘焙撞牆期，我相信很多人都跟我有一樣的經驗吧！在我心裡一直覺得甜點師父各個都是魔法師，他們和一般人不一樣，所有東西在他們的巧手下都可以變成超美味的甜點！同樣的材料，他能夠把不同的味道拼在一起，變成完美的組合，對我來說這也是最難的。這個單元介紹的甜點，看起來有很多不一樣的味道，但結合起來就是好吃，而且有豐富的層次口感。

你也可以做出風格甜點

陳師父曾經跟我分享過他在研發產品的時候，會去思考希望客人吃下去之後獲得什麼樣的感覺，然後努力把產品做到想要達成的目標。他說甜點給予舌尖的感

受，其實很像香水的前中後韻，不管再簡單或是再複雜的甜點，大家送進口中後一定會在各個階段有不一樣的感受，所以製作的人只要掌握住那個味道就可以了。

　　就像夏天的甜點需要清爽、舒服的感覺；冬天的甜點需要溫暖、濃郁的感覺；還有，在特殊的節慶中，甜點也可以表達我們的心情，像是母親節、生日、情人節。另外，每個師父的創意、味覺、喜好都不同，用甜點表達背後的故事也因此而不同，這就是它最有魅力的地方啊！所以在製作甜點的時候，我鼓勵大家可以勇敢嘗試，做出自己的風格，不必一味的模仿，因為那就是完全屬於你的獨特風格，品嚐者一定也能感受到你的魅力。

　　要做到進階甜點也可以多利用一種食材，那就是水果！陳師父在烘焙上很愛使用水果，因為台灣盛產種類不同的水果，香氣十足，甜度也剛好，而且一年四季都不一樣，取得方便，光是不同的水果與最簡單的鮮奶油搭配，就能營造出不同的效果。當你很頭痛今天的甜點要用什麼樣的裝飾或內餡的時候，可以多使用當季水果，美味又不必花太多腦筋！

甜點就是要給人幸福的感覺

　　三十歲之後我開始想要過比較平淡的生活，所以想著如果能開一家咖啡廳好像也不錯。之前開服飾店，客人來久了就變成朋友，但沒什麼空間可以坐，只能聊個兩三句就走了。現在開了咖啡廳，希望他們可以坐下來好好吃東西、休息，品嚐一下店裡的甜點，有種幸福、療癒的感覺。

　　我去店裡時常會有客人跑來跟我說，「莎莎，妳的哪一種甜點好好吃喔！比某某甜點店還好吃！」而他講的某某甜點店，是那種厲害到連我也會去朝聖的店，每次聽到這樣的回應就會覺得很感動！看到客人吃下去的時候露出幸福的表情、對著甜點猛拍照，超開心的啊！

榛果巧克力

甜點不是女生的專利，
做一款男生也會喜歡的味道！

材料

達克瓦茲	烤布蕾	榛果巧克力慕斯
蛋白…45g	蛋黃…45g	鮮奶油A…80g
細砂糖…15g	鮮奶油…240g	蛋黃…60g
杏仁粉…25g	細砂糖…40g	細砂糖…25g
糖粉…15g	香草莢…1支	吉利丁片…4片
低筋麵粉…15g		巧克力…130g
		榛果醬…50g
		鮮奶油B…300g

事前準備工作

○ 吉利丁片泡冰水。
○ 慕斯裡的巧克力、榛果醬加熱融化拌勻。

1

製作達克瓦茲：完成「眼淚是珍珠」的1.～3.步驟後，將麵糊裝入擠花袋中，使用圓花嘴，擠直徑5cm、高度0.5cm的圓，表面撒上糖粉。

2

放入烤箱，上下火180℃，烤10分鐘後調頭再烤10分鐘，放涼備用。

3

製作烤布蕾：將香草莢橫剖開，取出香草籽加入鮮奶油，小火加熱至80℃。

4

蛋黃與細砂糖均勻混合，將加熱後的鮮奶油沖入蛋黃中攪拌均勻，混合完成。

5

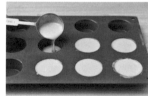

倒入布丁矽膠膜，使用水浴法，烤上下火150℃ 25分鐘，出爐後放涼再進冷凍庫，放至隔夜備用。

6

製作榛果巧克力慕斯：鮮奶油A煮滾離火，蛋黃、細砂糖攪拌均勻，將熱的鮮奶油A加入蛋黃，邊加入邊攪拌，均勻後再回爐火上用小火煮到83℃，完成後離火。

7

將吉利丁片擠出多餘的水分後加入混合拌勻，冰鎮至30℃。

8

融化的巧克力榛果醬加入步驟7.攪拌均勻。

9

完成後加入打至8分發的鮮奶油B混合均勻。

10

開始組合蛋糕，榛果巧克力慕斯裝入擠花袋內，灌入矽膠模中約5分滿，用湯匙將榛果巧克力慕斯抹開沾附在矽膠壁上。

11

放入冷凍完成的烤布蕾，再加入榛果巧克力慕斯至8分滿。

12

放上達克瓦茲，輕輕壓下去一點點，不要太大力，抹平溢出的榛果巧克力慕斯，完成後冷凍一晚。

13

脫除矽膠膜，把完成的榛果巧克力慕斯放在網架上，淋上黑巧克力淋面醬。

Tips!

- 將黑巧克力淋面醬隔水加熱至40℃即可使用。
- 步驟8.、9.一定要保持在30℃才是最完美的融合溫度，不會造成凝固的狀態。
- 細砂糖會吸收蛋黃，產生結粒，之後攪拌會一直有黃色結晶無法解決，所以細砂糖一碰到蛋黃就要快速攪拌不要靜置。
- 布蕾的鮮奶油不要煮到沸騰，太燙的鮮奶油加入蛋黃會造成熟透的效果，這樣會影響到後續的凝固效果，口感會變得粗糙。
- 香草莢悶10分鐘可以維持整個鮮奶油有滿滿的香草味。

覆盆子玫瑰

吃起來酸酸甜甜，
最後還有淡淡香氣充滿整個口腔，
就像是戀人的滿滿回憶～

材料   **玫瑰荔枝凍**   **巧克力慕斯**   **覆盆子玫瑰慕斯**

玫瑰荔枝凍	巧克力慕斯	覆盆子玫瑰慕斯
玫瑰荔枝果泥…65g	鮮奶油A…30g	鮮奶油A…25g
細砂糖…10g	蛋黃…25g	覆盆子果泥…35g
吉利丁片…1/2片	細砂糖…10g	玫瑰荔枝果泥…35g
	吉利丁片…1/2片	細砂糖…10g
	巧克力…50g	吉利丁片…1片
	鮮奶油B…110g	白巧克力…25g
		鮮奶油B…100g

事前準備工作

- 可可手指蛋糕。
- 吉利丁片泡冰水。
- 巧克力慕斯裡的巧克力加熱融化。
- 調製粉紅色淋面。

1

製作玫瑰荔枝凍：將果泥和細砂糖一起煮滾，吉利丁片擠出多餘水分後加入攪拌均勻，倒入容器中，冷凍至凝固備用。

2

製作巧克力慕斯：將鮮奶油A煮滾離火，蛋黃、細砂糖攪拌均勻，將熱的鮮奶油A加入蛋黃，邊加入邊攪拌，均勻後再用小火煮到83℃。

3

吉利丁片擠出多餘的水分後加入混合，冰鎮至30℃。

4

融化的巧克力加入步驟3.攪拌均勻。

5

完成後加入打至8分發的鮮奶油B，混勻備用。

6

製作覆盆子玫瑰慕斯：將鮮奶油A煮滾倒入白巧克力，邊加入邊攪拌，完成後備用。

7

覆盆子果泥、玫瑰荔枝果泥和細砂糖一起用小火煮滾，離火後再將吉利丁片擠出多餘水分加入，攪拌均勻。

8

將拌勻備用的白巧克力加入步驟7.混合均勻，攪拌並降溫至5℃。

9

完成後加入打至8分發的鮮奶油B，攪拌均勻備用。

10

開始組合蛋糕：反蓋蛋糕於工作板上，去除烘焙紙，壓直徑6cm的愛心模。

11

覆盆子玫瑰慕斯裝入擠花袋內，灌入矽膠模中約5分滿，用抹刀將慕斯抹開沾附在矽膠壁上。

12

放入玫瑰荔枝凍再加入約9分滿的巧克力慕斯。

13

蓋上蛋糕，將多餘的巧克力慕斯抹平，蓋上保鮮膜放入冰箱冷凍一夜。

14

脫除矽膠膜，把慕斯放在網架上，淋上粉紅色淋面。

Tips!

○ 將白巧克力淋面隔水加熱融化至40℃，再加入少許可食用白色素和紅色素調成粉紅色即可使用。

○ 玫瑰荔枝凍在攪拌吉利丁片時，一定要完全和果泥混合，吉利丁片需要靜置才能達到完美的凝固作用，要放在一個安全的地方冷凍。

○ 覆盆子是酸性的，所以在挑選鮮奶油上要特別注意，市面上有一半以上的鮮奶油是無法和酸完成融合的。

○ 巧克力慕斯溫度也要控制在30℃左右，因為巧克力有凝固性，太高或太低都比較不好操作出漂亮的質地。

草莓塔

台灣草莓的獨特美味香氣和口感
就用一種霸氣的方式來呈現！

材料

甜塔皮
無鹽奶油…500g
糖粉…315g
鹽…10g
蛋…90g
蛋黃…110g
低筋麵粉…845g
高筋麵粉…215g
杏仁粉…115g

杏仁餡
無鹽奶油…40g
細砂糖…20g
蛋…10g
萊姆酒…少許
蛋黃…20g
杏仁粉…40g

卡士達醬
鮮奶…300g
鮮奶油…300g
無鹽奶油…15g
香草莢…1支
細砂糖…80g
低筋麵粉…25g
卡士達粉…25g
蛋黃…120g

事前準備工作

◦ 卡士達、甜塔皮、
　杏仁餡完成。
◦ 新鮮草莓。

1

將塔皮麵糰擀成約0.3cm的厚度，壓出直徑10cm的圓形。

2

放入塔模中貼合。

3

將邊緣多餘的麵糰切除。

4

在底部戳出數個小洞。

5

放上重石並放入上下火150℃的烤箱中，烤約15分鐘。

6

取出重石，再用上下火150℃回烤15分鐘呈淺褐色，出爐放涼。

7

填入杏仁餡，放入上火175℃、下火150℃烤15分鐘，烤至上色全熟即可出爐，並放在網架上冷卻。

8

將冷卻後的杏仁塔脫模填入適量卡士達醬。

9

放上整顆草莓。

10

最後刷上適量果膠，放上薄荷葉。

Tips!

。草莓很脆弱，所以在清洗上要特別小心，外層塗上果膠可以保護草莓，延長時間。

檸檬塔

經典中的經典，甜點人一定要做一個
屬於自己味道的檸檬塔！

材料

檸檬餡
檸檬果汁…40g
香橙果汁…5g
黃檸檬皮…適量
蛋黃…1顆
蛋…1顆
細砂糖…30g
無鹽奶油…55g

義式蛋白霜
水…10g
細砂糖A…30g
蛋白…25g
細砂糖B…5g
蛋白粉…1g

事前準備工作

◦ 塔皮麵糰。
◦ 刨黃檸檬皮。
◦ 室溫蛋黃、蛋均勻打散成蛋液。

1

製作檸檬餡：檸檬果汁、香橙果汁、檸檬皮放入鍋中用小火煮到微滾即可離火。

2

蛋液和細砂糖攪拌均勻後，把步驟1.加入，邊倒入邊攪拌。

3

混合均勻後過篩到另一個鍋子裡。

4

用小火繼續煮，全程要不停的攪拌，煮至83℃以上濃稠狀就可以離火了。

5

放入無鹽奶油並攪拌均勻到融合完成即可。

6

保鮮膜服貼在檸檬餡上，放進冰箱冷藏一夜備用。

7

製作義式蛋白霜：水和細砂糖A放入鍋中用中火加熱，煮至118℃成為糖漿，離火備用。

8

將蛋白打發至出現大氣泡，再將細砂糖B和蛋白粉加入。

9

打至5分發的程度，開始用慢速邊打邊加入步驟7.的糖漿。

10

完全加入後打至8～9分發，完成備用。

11

開始組合檸檬塔：將塔皮麵糰擀成約0.3cm的厚度，裁切出直徑10cm的圓形，放入塔模中貼合，邊緣多餘的麵糰切除，在底部戳出數個小洞。

12

放上重石，烤上下火150℃15分鐘。取出重石，以同溫度再烤20分鐘，烤至上色出爐，放涼備用。

13

塔皮脫模後填入檸檬餡，放置冷藏20分鐘到完全凝固。

14

在檸檬塔上沾出一顆一顆尖頭狀的義式蛋白霜，再用噴槍在表面烤出焦痕即可。

Tips!

- 塔皮要烤到全熟。
- 檸檬餡是用卡士達煮法，步驟1.的檸檬皮可以等到煮沸後再下，放進去之後再燜10分鐘讓香味更加滲透進果泥，完成後再倒入步驟2.拌勻。
- 步驟4.一定要煮到83℃以上，配方裡的蛋含量比較高，這個溫度才可以達到殺菌的效果。
- 蛋白霜的糖漿溫度一定要到118℃，因為會影響到結晶時的軟硬度，蛋白要稍微打到有一些起泡再加入糖漿，要不然蛋白很容易一下就熟了。
- 配方中的蛋白粉可以幫助蛋白更穩定不容易失敗，烘焙材料行都可以買到。

花生
香蕉蛋糕

結合台灣兩大名產
做出最有台灣味的迷人蛋糕！

材料

蛋糕

蛋白…90g	低筋麵粉…50g
細砂糖…40g	蛋黃…45g
海藻糖…6g	香草精…1g
植物油…30g	**花生鮮奶油**
水…30g	鮮奶油…400g
香蕉泥…30g	細砂糖…40g
泡打粉…1g	花生醬…30g

事前準備工作

∘ 低筋麵粉、泡打粉一起過篩。
∘ 香蕉切成0.5cm厚的薄片。
∘ 擠花袋裝上花嘴。

1

製作蛋糕：植物油、水、香蕉泥拌勻放入鍋中，加熱至40~50℃離火。

2

將蛋黃、香草醬拌入步驟1.攪拌均勻，放旁邊備用。

3

將過篩後的粉類加入攪拌均勻。

4

蛋白先打到出現小泡再分2次加入細砂糖和海藻糖，打至8分發。

5

取1/3的蛋白拌入麵糊均勻混合，再加入剩下蛋白，混合均勻完成。

6

倒入6吋分離烤模至8分滿，上火180℃、下火150℃，烤8分鐘後調頭再降溫至上火150℃、下火170℃烤 34分鐘，出爐後摔出熱氣倒扣放涼。

7

花生醬、鮮奶油、細砂糖，放入鋼盆打至8分發，冷藏備用。

8

蛋糕脫模後平均分切成3等份。

9

先拿一片蛋糕放於轉台上，抹上花生鮮奶油、放上香蕉片，再薄薄抹上一層花生鮮奶油，蓋上另一片蛋糕重複上述動作。

10

一手轉轉台，一手拿抹刀均勻推開抹平鮮奶油。

11

蛋糕側邊先抹上一些鮮奶油，再邊轉轉台邊用抹刀抹平，抹刀也是輕輕的斜貼著蛋糕。

12

最後再把頂部蛋糕邊緣的鮮奶油向內收平整，慢慢轉動轉台，邊用抹刀向內收。

13

花生鮮奶油裝入擠花袋內，在蛋糕上擠花，最後放上巧克力跟堅果裝飾即可。

- 蛋糕體是戚風蛋糕，製作時要注意油的溫度必須在30℃以上，蛋白打至8分發，這樣就可以做出一個完美的蛋糕體。
- 抹外層鮮奶油的抹刀要輕輕放在上面，太大力壓著就會刮掉所有的奶油，蛋糕外層鮮奶油要抹得漂亮需要多練習才會上手。
- 內餡裡因為有加花生醬，所以油脂比例比較高，在打發的時候一定要慢慢打發。
- 海藻糖是一種可以減低甜膩感的糖，沒有海藻糖也可以用細砂糖取代。
- 香蕉泥選用的香蕉最好是熟透帶有一些黑點，這樣可以產生更濃郁的香蕉香氣。

Tips!

蛋糕捲

一個不分年紀、大家都會喜歡的蛋糕，
好吃的蛋糕捲一個人
吃上一捲絕對沒有問題！

材料

蛋糕
無鹽奶油…85g
低筋麵粉…85g
高筋麵粉…30g
蛋…210g
蛋黃…140g

鮮奶…210g
蛋白…280g
細砂糖…140g
鮮奶油
鮮奶油…400g
細砂糖…40g

事前準備工作

◦ 低筋麵粉、高筋麵粉一起過篩。
◦ 室溫蛋黃、蛋均勻打散成蛋液。
◦ 烤盤（60*40cm）鋪上烘焙紙。

1

製作蛋糕：鮮奶與無鹽奶油用小火煮滾，加入過篩完成的低筋麵粉、高筋麵粉拌均勻，完成麵糊。

2

蛋液分2次加入麵糊中，每一次都要拌勻再加下一次，拌勻後備用。

3

蛋白先打至起泡，細砂糖分2次加入，打至8分發狀態，舉起攪拌器蛋白會有一點彎鉤。

4

蛋白倒入麵糊攪拌均勻，動作輕、速度快才可以避免消泡。

5

把麵糊倒入烤盤，平整均勻的抹平，烤箱上火200℃、下火150℃烤20分鐘。

6

出爐摔出熱氣後立刻移除烤盤，剝開蛋糕四周的烘焙紙，放涼備用。

7

製作內餡：鮮奶油、細砂糖放入鋼盆打至8分發，冷藏備用。

8

開始組合蛋糕：撕除蛋糕底紙，有上色面朝下。

9

放在烘焙紙上，抹上打發完成的鮮奶油。

10

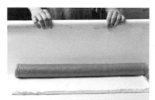

用擀麵棍頂住蛋糕體一邊，並輕輕抬起。

11

再往內輕壓，順著捲到底。

12

先用烘焙紙包住蛋糕一起冷藏30分鐘再去除烘焙紙，每片切成4cm左右的厚度。

Tips!

° 無鹽奶油和鮮奶一定要煮滾到沸騰才可以下過篩的粉類，這樣才能產生糊化，讓烤好的蛋糕體比較有韌性，捲蛋糕時才不容易破。

° 蛋液加入麵糊千萬不要急，一點一點的慢慢加入，一次加入太多蛋液會無法融合。

° 蛋白打大概8分發的中性發泡，攪拌器舉起來會有一點點彎鉤，蛋白沒打好會影響蛋糕吃起來的口感。

° 內餡的細砂糖一定要打到完全融化，用電動攪拌器要用中慢速打發才可以產生比較細膩的鮮奶油。

棉花糖
古典巧克力蛋糕

棉花糖是從小到大最常出現的可愛糖果，
想用法式甜點的感覺呈現出不一樣的感覺！

材料

蛋糕
無鹽奶油…150g
70%巧克力…198g
可可粉…120g
鮮奶油…300g
低筋麵粉…45g

玉米粉…45g
蛋黃…160g
細砂糖A…120g
蛋白…280g
細砂糖B…200g

棉花糖
吉利丁片…4片
熱水…35g
水…35g
細砂糖…125g
深黑萊姆酒…少許
香草精…少許

事前準備工作

◦ 可可粉、低筋麵粉、玉米粉一起過篩。
◦ 蛋放至室溫。
◦ 烤盤（60*40cm）鋪上烘焙紙。
◦ 吉利丁片泡冰水。

1

製作巧克力蛋糕：巧克力、無鹽奶油一起放在鋼盆裡，把煮沸的鮮奶油沖入鋼盆中攪拌至巧克力滑順帶點光澤。

2

接下來把過篩的粉類一起加入，充分攪拌均勻至無顆粒狀備用。

3

蛋黃加入細砂糖A打至全發，在表面寫個8，維持數秒不消失，完成蛋黃糊。

4

蛋白先打至起泡，再分2次加入細砂糖B打至8分發。

5

把蛋黃糊倒入步驟2.中完全混合。

6

再把蛋白全部倒入攪拌均勻。

7

把麵糊倒入烤盤，平整均勻的抹平。放進烤箱，上下火160℃烤20分鐘後再調頭烤20分鐘。

8

出爐摔出熱氣後立刻移除烤盤，剝開蛋糕四周的烘焙紙放涼。

9

蛋糕完全涼透後連底紙移至工作板上，用慕斯方框壓出（30*20cm）方形蛋糕兩片備用。

10

製作棉花糖：將吉利丁片擠出多餘水分後加入熱水打發至起泡。

11

水加細砂糖煮至118℃，沖入步驟10.打至8分發，加入酒、香草精拌勻，棉花糖完成。

12

完成的棉花糖趁熱倒入其中一片蛋糕上，用L型抹刀均勻抹平棉花糖。

13

把另一片蛋糕反蓋於棉花糖上，用手輕壓整型組合好的蛋糕，並冰凍5小時。

14

完成冰凍後移除烘焙紙，用刀劃開蛋糕四周，移除方框。

15

蛋糕裁切5*5cm大小，在頂部及四周撒上可可粉即可成。

Tips!

○ 這個配方的棉花糖是用吉利丁來操作，裡頭有加少許的深黑萊姆酒增加香氣，但酒很容易造成蛋白消泡，所以在分量上不要太多。

○ 步驟12.倒入棉花糖時，溫度要控制在40℃左右才好操控，太低溫棉花糖會凝固，無法推勻抹平。

○ 吉利丁片一定要泡在冰水裡。

○ 巧克力蛋糕一定要烤到有點塌陷，吃起來口感才會比較扎實，像是在吃巧克力，和一般蛋糕要烤到膨膨的不太一樣。

焦糖洋梨

以焦糖為主的一款清爽型甜點，
美味得令人難以忘懷～

材料

焦糖慕斯
細砂糖A…25g	細砂糖B…15g
鮮奶…60g	吉利丁片…1片
香草莢…半支	白乳酪…15g
蛋黃…25g	鮮奶油…100g

事前準備工作

○ 香草莢橫剖開，並將香草籽取出。
○ 吉利丁片泡冰水。
○ 鮮奶油打到8分發。
○ 直徑7cm和5cm的圓形可可手指蛋糕。
○ 卡士達餡。
○ 西洋梨切丁。
○ 焦糖淋面。
○ 杏仁巧克力淋面。

1

製作焦糖慕斯：鮮奶用小火煮滾後放入香草莢和香草籽，蓋上鍋蓋燜10分鐘，取出香草莢就完成了。

2

將細砂糖A放入鍋中用中火煮至邊緣成焦化顏色，輕輕搖晃鍋子繼續煮成焦糖後離火。

3

將步驟1.慢慢倒入焦糖中攪拌均勻，回到爐火用小火煮滾，離火備用。

4

蛋黃和細砂糖B拌勻後，一邊倒入步驟3.一邊攪拌混合，再回到爐火上邊煮邊攪拌，溫度到83℃濃稠狀即可離火。

5

吉利丁擠出多餘水分後和白乳酪一起加入步驟4.，攪拌均勻成為焦糖蛋糕，並降溫至35℃。

6

把打發完成的鮮奶油倒入焦糖蛋糊中，用橡皮刮刀拌均勻，焦糖慕斯完成。

7

開始組合蛋糕，慕斯裝入擠花袋內，灌入矽膠模中約5分滿，用湯匙將焦糖慕斯抹開沾附在矽膠壁上，放入切丁西洋梨。

8

再灌入焦糖慕斯至8分滿，放上直徑5cm的巧克力蛋糕，並輕壓抹平溢出的焦糖慕斯，冷凍6小時以上。

9

直徑7cm的蛋糕放入小慕斯圈，填入卡士達餡後，冷凍至完全凝固。

10

完成後脫模放網架淋上杏仁巧克力淋面，淋面溫度約30℃，鏟起放盤子冷藏備用。

11

脫除步驟8.的矽膠膜，把焦糖慕斯放在網架上，淋上焦糖淋面。

12

鏟起步驟11.放在步驟10.上，再用西洋梨和巧克力餅乾裝飾。

\Tips!/

- 將焦糖淋面隔水加熱至融化40℃，即可使用。
- 糖的焦化程度可以依照個人喜好做調整，喜歡甜一點就煮到琥珀色，喜歡苦一點可以煮到深褐色。
- 步驟5.的溫度要控制在35～40℃，是焦糖最好融合的狀態。

半熟乳酪塔

吃過一次就忘不了的口感和香味！
學會做之後，
隨時想念都可以馬上擁有～

材料

乳酪餡
奶油乳酪…70g
鮮奶…45g
鮮奶油…5g
無鹽奶油…10g
蛋黃…20g

細砂糖A…5g
低筋麵粉…5g
蛋白…20g
細砂糖B…20g

事前準備工作

◦ 甜塔皮。
◦ 低筋麵粉過篩。
◦ 奶油乳酪放至常溫。
◦ 蛋黃液。

1

將塔皮麵糰擀成厚度約0.5cm，放入上、下火150℃烤20分鐘至表面呈淺褐色，放涼備用。

2

鮮奶、無鹽奶油、鮮奶油放入鍋中，煮至沸騰離火備用。

3

蛋黃、低筋麵粉、細砂糖攪拌混合完成。

4

將步驟2.沖入步驟3.拌勻，再將麵糊放回爐火上，持續攪拌煮至沸騰。

5

再拌入奶油乳酪，攪拌至完全混合狀態。

6

蛋白打到起泡狀態後，細砂糖分兩次慢慢加入，打至8分發狀態。

7

乳酪餡拌入步驟6.混合均勻備用。

8

塔皮內填入混合好的步驟7.後，冷凍至表面凝固。

9

在表面刷上蛋黃液，放入上火195℃、下火150℃的烤箱中，烤約12分鐘表面上色即可，出爐後放涼即可脫模食用。

Tips!

。步驟2.開始要特別注意溫度掌控，煮沸再混合很重要，拌入奶油乳酪後溫度控制在60℃是最好的，才可以保持柔軟的質地。

。蛋白一定要打到8分發以上，才能維持一定的軟硬度，烤出來才漂亮。

。塔皮壓重石烤到8分熟就可以了，之後加入乳酪餡還要再回烤，不要第一次就烤到全熟。

提拉米蘇

每一家店都有一個屬於自己的味道，
做一個跟別人不一樣的提拉米蘇！

材料

義式乳酪
馬斯卡朋起士…170g
鮮奶油…90g
細砂糖…30g
水…10g
蛋黃…25g
杏仁酒…5g

咖啡酒
咖啡濃縮液…100g
咖啡酒…30g
細砂糖…40g
水…75g

事前準備工作

◦ 可可手指蛋糕。
◦ 鮮奶油打到8分發，冷藏備用。

1

製作義式乳酪：水、細砂糖煮
至118℃，離火備用。

2

打發蛋黃後將糖漿沖入，邊攪
拌邊加入，繼續將蛋黃打發。

3

溫度降至30℃後把馬斯卡朋起
士加入，攪拌均勻到無顆粒。

4

馬斯卡朋起士糊中分次加入打發鮮奶油到完全
均勻，冷藏備用。

5

製作咖啡酒：開小火把水煮滾後，依序加入細
砂糖、咖啡濃縮液、咖啡酒，攪拌均勻到細砂
糖完全融化，降溫冷藏2小時備用。

6

開始組合蛋糕，可可手指蛋糕上壓出直徑7cm
的圓形蛋糕片，放入杯中。

7

將咖啡酒糖液淋在蛋糕上。

8

乳酪餡擠入杯中至五分滿。

9

再放上蛋糕片並淋上咖啡酒，灌入乳酪餡至
8～9分滿，冷藏3小時以上。

10

完全凝固後撒上可可粉及裝飾物即可。

Tips!

◦ 要讓馬斯卡朋起士均勻柔順的混合，溫度一
  定要控制在30～40℃再拌合打發鮮奶油，溫
  度過高鮮奶油會融化，溫度太低鮮奶油會無
  法融合。

◦ 咖啡濃縮液不是一般的黑咖啡或是美式咖
  啡，是濃縮的義式咖啡，不好取得的話可以
  用即溶咖啡或香料，這樣才能產生濃郁的咖
  啡香氣。

◦ 咖啡酒可以看自己習慣的口味加入，要多一
  點或少一點都可以。

Omiyage

自己的禮物自己做

送禮物是一門藝術，要送到心坎裡其實不簡單，我喜歡送自己手作的禮物，東西也許不是最棒的，但是誠意一定是最滿的。

這個單元的食譜各種難度都有，口味也相當大眾化，不管你是烘焙新手還是老手都適用。

🍮 難忘的母親節蛋糕

我第一次為家人做的蛋糕是某一年的母親節蛋糕，那時候我做的是海綿蛋糕，上面還用巧克力畫上一顆粉紅大愛心，因為那時候還是初學者，所以看到成品的時候覺得自己真的太有才了！我媽收到後感動到一直跟鄰居炫耀，全家也都吃得很開心。不過現在回想起來，那個蛋糕真的有夠難吃，因為打蛋的時候其實已經消泡了，口感很硬，而且沒有什麼裝飾，真的是一個超級簡單的簡單蛋糕，但那就是一種幸福的回憶，只有透過手作送出去才能感受到，而且最獨一無二的！

現在只要是特別的日子，我都會習慣為家人量身定製蛋糕，我爸爸喜歡簡單的口味，但只要我做的他都喜歡，所以他生日的時候我做了一個原味海綿蛋糕，外表看似簡單，但內餡是我滿滿的愛；一歲的外甥女是生日什麼都不能吃的嬰兒，我幫他用西瓜做了一個像是蛋糕的雕花西瓜。家人的事就是我的事，家人的笑容就是我最大的幸福。

我不會做菜，從小媽媽就不讓我進廚房，所以我也曾經以為做甜點是一件很難的事，沒想到開始學習後，發現並沒有想像中那麼難，它需要的是耐心，還有跟別人不一樣的想法，光是做到這兩點，就能做出很厲害的甜點，技巧其實是其次。

我喜歡烘焙帶給我的一切，之前我還問過身旁的人，如果我開烘焙課，你們想來上嗎？因為我覺得教大家做甜點滿好玩的，而且可以讓更多人跟我一樣，在烘焙的時候得到無比的滿足和快樂。

驚為天人的千層蛋糕

　　學習烘焙是一條沒有終點的路，有很多學也學不完的知識，不管是網路上的分享、上課時的基本功，還是跟陳師父學習，其實還有一個很重要的就是必須有熱忱！通常能讓我燃起熊熊烈火般的烘焙魂都是在吃到超厲害的甜點！我之前在日本第一次吃到HARBS的水果千層蛋糕，長得非常漂亮，裡面有很多水果，端上桌會讓少女崩潰的那種，然後送進嘴裡後會再崩潰一次，真的！真的！好好吃！介紹給朋友，沒有一個人不驚艷。

　　有一年我出外景到紐約，非常幸運的可以去拍LadyM，那時候它在亞洲還沒有分店，餐廳的公關超辣是我的第一印象，當她端著漂亮的千層蛋糕出來，那個畫面真的美極了！但這些畫面在我吃進第一口蛋糕後腦子就被蛋糕佔滿了，夾層裡的味道像是卡士達醬又像是鮮奶油，就是一種奇妙的口感，麵皮很薄、很漂亮，裡裡外外只有「完美」兩個字可以形容，從此LadyM的千層蛋糕就是我心目中的第一名！

　　千層蛋糕最棒的是不必烤，家裡沒有烤箱的人也可以做，但是必須很有耐心，麵糊的濃稠度要剛好，然後再把麵皮一片、一片煎好，做的時候可能會嫌麻煩、覺得痛苦，但是等到吃下去的那一刻，一切辛苦都值得了！

　　其實我是個很沒有耐心的人，一路下來，對甜點能夠維持那麼久的熱情，有時候連自己也很驚訝。剛開始做甜點的時候，因為沒有耐心，常想說為什麼要等那麼久？為什麼要攪拌成這樣？為什麼要加那麼多東西？急性子的我粗手粗腳的，但久了之後發現這樣半點好處都沒有，因為做甜點就是要有耐心，不然做不出完美的成品。

　　我平常不喜歡動腦，是一個很懶散的人，但每次只要想到做甜點，腦子就會突然動得很快，我可以花一整個下午的時間都在想，愛上甜點之後不只讓我感受到幸福的滋味，也讓我的人生多了很多色彩！

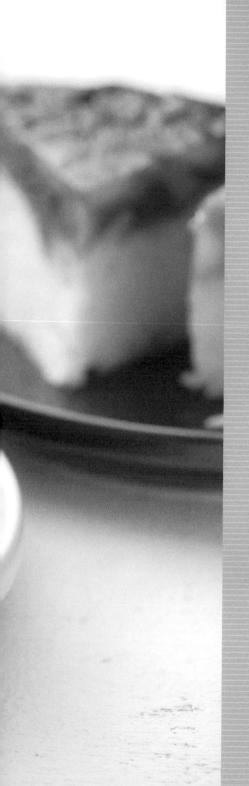

反轉蘋果

「一天一蘋果,醫生遠離我」,
焦糖和蘋果交織的溫蛋糕,
吃完之後心也暖暖的!

材料

焦糖蘋果
水…35ml
細砂糖…70g
蘋果…1顆
無鹽奶油…35g

蛋糕
室溫無鹽奶油…150g
糖粉…130g
室溫蛋…3顆
低筋麵粉…150g
泡打粉…1小匙

事前準備工作

◦ 蛋稍微打散。
◦ 使用固定式烤模鋪上烘焙紙。
◦ 蘋果去皮，每片切成1公分左右的厚度，
  泡在冰檸檬水裡。
◦ 低筋麵粉和泡打粉一起過篩。

1

烤模底層整齊的放進蘋果，每一塊間隔越小
越好。

2

水加細砂糖用中小火煮成焦糖，焦糖煮好後立
刻離火加入無鹽奶油拌勻、和焦糖融合，這時
候會有一些煙，不要被嚇到。

3

焦糖奶油倒入鋪滿蘋果的烤模，均勻的淋在每
一塊蘋果上。

4

接下來開始做蛋糕的部分，將無鹽奶油打軟後
加入過篩糖粉，打到質地細綿、顏色偏白的鵝
黃色。

5

蛋液分3次加入，少量多次的慢慢加入，每一次都要完全融合再加下一次。

6

加入過篩的低筋麵粉、泡打粉，用翻拌的方式融合無鹽奶油和粉類，次數過多或力道太大會出筋影響成品口感。

7

拌勻的麵糊倒進烤模8分滿，上下火160℃，烤40分鐘。

8

出爐前用針戳戳看，如果有沾黏就是還沒熟，放涼後倒扣脫模。

。無鹽奶油和糖粉要先用橡皮刮刀輕拌的方式混合糖粉和無鹽奶油，之後再用攪拌器，要不然糖粉會飛走。

。蛋糕降到微溫的時候就可以用保鮮膜封住，可以防止水分的流失。保鮮膜要貼著蛋糕表面才不會有水氣弄濕蛋糕。

。蘋果切好放在冰塊水裡，加一點檸檬汁泡蘋果片，防止蘋果氧化變色。

。步驟2.的焦糖不要煮太焦，因為之後還會進烤箱烤，太苦的焦糖不好吃。

Tips!

巧克力拼盤

打開禮物盒看到繽紛的巧克力，
四種口味各有特色，
視覺和味覺都大大的滿足！

材料 白巧克力…150g、牛奶糖…80g、烈酒…適量、
食用色粉…適量、食用色膏…適量

1

白巧克力隔水加熱融化備用。

2

挑選喜歡的色粉，加入一點點
烈酒調勻，色膏分在小容器中
備用。

3

顏色刷入半圓形模中，冷藏
20分鐘讓顏色完全貼在模型
壁上。

4

倒入融化後的白巧克力，滿模
常溫放涼10分鐘左右，讓表面
沾上0.1公分左右的巧克力。

5

倒扣讓多餘的巧克力流出，
放置冰箱冷藏20分鐘。

6

加入牛奶糖，牛奶糖可以先
冰一下，涼涼的才不會讓巧
克力融化。

7

牛奶糖放入後再加入白巧克力
至滿模，用刮板把多餘的巧克
力刮掉，冷藏20分鐘定型。

8

倒扣脫模。

Tips!

。轉印時巧克力要熱才容易附
著，溫度太低顏色會一塊一
塊不均勻。

。融巧克力溫度過高會油水分
離，沒把握的人可以隔水加
熱融化，微波爐有時候溫度
太高會燒焦。

。每家巧克力能夠接受的溫度
不一樣，要注意看每一種的
完美溫度是多少。

海鹽牛奶糖

要送給對甜食沒什麼興趣的朋友
就選海鹽牛奶糖吧！
送上鹹鹹甜甜的絕妙好滋味！

材料

無鹽奶油…150g 　 泡打粉…1小匙
糖粉…130g 　 牛奶糖…數顆
蛋…3顆 　 玫瑰鹽…適量
低筋麵粉…150g

事前準備工作

◦ 烤模鋪紙。
◦ 糖粉過篩。
◦ 低筋麵粉和泡打粉過篩。
◦ 蛋和無鹽奶油放置常溫。
◦ 蛋稍微打散。
◦ 牛奶糖一顆平均切成三等份，並沾上糖粉。

1

將無鹽奶油打軟後加入過篩糖粉，打到質地細綿、顏色偏白的鵝黃色。

2

接下來將蛋液分次加入步驟1.，少量多次的慢慢加入，每一次都要完全融合再加下一次。

3

加入過篩的低筋麵粉、泡打粉，用翻拌的方式融合無鹽奶油和粉類，次數過多或力道太大會出筋，影響成品口感。

4

把拌勻的麵糊先倒一半進去烤模，上面均勻的放上牛奶糖。

5

再把另一半麵糊倒進烤模，上面再均勻的放上牛奶糖，撒上一些玫瑰鹽。

6

用無鹽奶油在蛋糕中間拉出一條線，用上下火160℃烤約30分鐘。

7

出爐前用針戳戳看，如果有沾黏就是還沒熟。

8

蛋糕脫模放涼，降到微溫的時候，就可以用保鮮膜封住，可以防止水分流失。

- 牛奶糖裹一些糖粉，比較不容易下沉，牛奶糖分兩次加入，讓蛋糕的每一個部分都可吃到牛奶糖。
- 常溫蛋糕烤好後可以放隔夜讓味道融合得更好。

\Tips!/

牛軋糖

少少的材料和少少的步驟，
做出看起來很難的台式甜點，初學者成就感大爆發！

材料 無鹽奶油…35g、棉花糖…120g、奶粉…100g、
熟帶皮杏仁…100g

事前準備工作　◦ 大棉花糖剪一半。　◦ 過篩奶粉。
◦ 無鹽奶油切小塊。

1

無鹽奶油用小火融化，無鹽奶油切小塊可以加快融化速度。

2

加入切半棉花糖，用耐熱的橡皮刮刀翻拌，每一塊都要沾到無鹽奶油。

3

拌到棉花糖完全融化，過程中要不停翻拌。

4

完成後離火加入奶粉，分兩次加入奶粉。

5

用翻疊的方式讓棉花糖均勻吸收奶粉，沒拌勻的地方會白白的，要全部變成奶黃色。

6

放入熟帶皮杏仁，要快，因為硬掉很難翻拌。

7

倒入模型，用擀麵棍壓平整，要完全放涼夠硬才可以切。

8

刀子抹一點油，切出適當大小。

| Tips!

◦ 如果要做巧克力，可以把奶粉少15g，巧克力粉15g。

◦ 烘焙材料行賣的杏仁通常都是生的，不確定的話可以問一下，生的杏仁用上下火110℃，烤15分。

◦ 棉花糖太小顆很容易在攪拌的時候滾出去。

◦ 抹刀子的油要用沒有味道的植物油，免得影響味道。

瑪芬蛋糕

自己動手做，想加什麼就加什麼，
大人系微醺蛋糕來囉～
內餡比蛋糕多也可以喔！

材料　植物油…75g、細砂糖…80g、
中筋麵粉…200g、泡打粉…8g、
鮮奶…50g、優格…60g、蛋…2顆

鮮奶油
動物鮮奶油…100g、細砂糖…5g、
苦甜巧克力…100g

事前準備工作
。中筋麵粉、泡打粉一起過篩。
。蛋放至常溫。
。苦甜巧克力融化。
。瑪芬紙模放進烤模內。

1

細砂糖、中筋麵粉、泡打粉混
合拌勻備用。

2

蛋、鮮奶、優格和植物油拌
勻，有混合就可以，不要打
到都是泡泡。

3

將蛋液加入混合均勻的粉類
鋼盆。

4

輕輕拌勻避免出筋。

5

完成後的麵糊倒入瑪芬模，8
分滿的高度，用上下火170℃
烤25分鐘。

6

出爐放涼。

7

鮮奶油加細砂糖打至9分發再
加入融化的苦甜巧克力，拌
勻後裝入擠花袋，在蛋糕中
間擠上一球鮮奶油。

8

想要花俏一點可以放上喜歡的
裝飾品。

Tips!

。可用冰淇淋挖勺舀麵糊入模
比較不會滴得亂七八糟，也
可以等量控制麵糊分量。

。做瑪芬千萬不要太認真拌，
過多的攪拌會失去鬆軟的口
感，麵糊倒太多會淹出烤模，
烤不出魅力的小山形狀。

那個蛋糕

記憶中總是有一些難以忘懷的蛋糕，
也許你不知道它的名字是什麼，
但當你吃下一口後，
滿滿的回憶瞬間湧上心頭，
不可思議的味覺記憶！

材料

低筋麵粉…110g　　起士粉…25g
植物油…50g　　　　鹽…少許
鮮奶…100g　　　　細砂糖…80g
蛋…6顆　　　　　　起士片…6片

事前準備工作

° 低筋麵粉、起士粉、鹽一起過篩。
° 起士片切成長條形。
° 分蛋後將蛋白冷藏。
° 烤模鋪上烘焙紙。

1

鮮奶、植物油拌勻加熱，鍋邊
有冒小泡就可以離火。

2

加入一起過篩的低筋麵粉、起
士粉、鹽拌勻。

3

再加入蛋黃拌勻，溫度太高蛋
會熟，所以步驟1.不要太燙。

4

取出蛋白打到有泡泡後，細砂糖分3次慢慢加
入。蛋白打到中性發泡，尾端有一點點彎鉤。

5

先放1/3放入步驟3.拌勻，再加入其他的蛋白。

6

輕柔的翻拌，不要太大力攪拌，避免消泡，吃起來就不蓬鬆。

7

烤模內倒入1/3的麵糊，放入起士片，邊邊留1cm，不要讓起士外露，再倒入1/3的麵糊後再放入起士片，蓋上最後一層麵糊，準備進烤箱。

8

大烤盤加水後放進蛋糕烤盤，上下火160℃烤30分鐘後，再用150℃烤25分鐘。

9

出爐後摔出空氣，抓著烘焙紙把蛋糕從烤模取出放在網架上，撕除四邊烤模紙放涼，上層可再蓋張烘焙紙保濕。

Tips!

◦ 大烤盤內的水要加溫水，高度是1公分左右，水加太少會在烤的過程中蒸發完，水太多容易跑進蛋糕烤盤也是不行的。
◦ 起士片事先切成長條狀，可以先在烤模上量量大小，省去之後的手忙腳亂，讓每一口蛋糕都可以吃到起士。
◦ 打發蛋白時可以在起泡後加入一點檸檬汁，酸性可以幫助蛋白更加穩定，不容易消泡。
◦ 步驟7.放入起士，邊邊要留1cm，因為這樣才可以把起士包在蛋糕裡，避免流出來。

雪球餅乾

在希臘吃過的傳統小餅乾，回國後在朋友的敲碗聲下試做，
喜歡它香氣四溢的果仁味道和可愛百變的外表，
簡單又美味的甜點小餅乾人人愛！

材料 無鹽奶油…90g、糖粉…30g、鹽…1/8小匙 、低筋麵粉…110g、
草莓粉…10g、巧克力粉…10g、杏仁粉…40g、杏仁粒…40g

事前準備工作 ◦ 低筋麵粉、杏仁粉、鹽一起過篩。 ◦ 無鹽奶油放至室溫軟化。
◦ 糖粉過篩。

1

無鹽奶油打軟加入過篩後的糖
粉，打到質地細綿、顏色偏白
的鵝黃色。

2

加入過篩的鹽、低筋麵粉、杏
仁粉，翻拌均勻。

3

分成3份，其中2份分別加入
過篩巧克力粉、過篩草莓粉
拌勻。

4

平均加入杏仁粒拌勻，包上
保鮮膜冷藏1小時。

5

取出分成適當大小的圓形，用
上下火160℃烤15分。

6

放涼後放入裝有糖粉的塑膠
袋搖一搖，淺淺沾上糖粉。

7

巧克力、草莓口味的糖粉放
入一些巧克力粉和草莓粉，
這樣雪球餅乾比較顯色。

> ◦ 雪球餅乾吃起來是酥鬆的口感，所以在加入粉類
> 材料的時候要盡量減少翻拌的次數，也可以用切
> 拌的方式把粉切入麵糰。
> ◦ 放在中層或下層烤可以避免太快上色，烤好的餅
> 乾顏色要白白的，上色要均勻可以在時間一半的
> 時候翻轉一下烤盤，適時蓋上鋁箔紙也可以。
> ◦ 每顆雪球大概8g左右，是一口的大小。

小提醒！

萬聖節組合

超級實用的節慶小餅乾，
換個造型改個口味就是一個全新的小餅乾花樣，
做好的麵糰放在冷凍庫，隨時都有美味的現烤餅乾可以吃！

材料 低筋麵粉⋯200g、無鹽奶油⋯75g、糖粉⋯75g、蛋⋯1顆 、
巧克力⋯適量、杏仁粒⋯適量

事前準備工作
- 低筋麵粉過篩。
- 糖粉過篩。
- 無鹽奶油放至室溫軟化。
- 室溫蛋均勻打散成蛋液。
- 杏仁粒烤熟。
- 烤盤鋪上烘焙紙。

1

將無鹽奶油打軟後加入過篩糖粉，打到質地細綿、顏色偏白的鵝黃色。

2

蛋液分2～3次加入步驟1.，少量多次的慢慢加入，每一次都要完全融合再下一次。

3

加入過篩後的低筋麵粉，攪拌到完全均勻。

4

成糰後放入保鮮膜冷藏30分鐘。

5

擀成0.4cm左右的厚度，壓出萬聖節造型，花邊小圓餅一半中間有圖案、一半沒有圖案。

6

壓出手指形狀和指紋，最上面輕輕壓出一個指甲凹槽，上下火170℃，烤13分鐘。

7

放涼的造型餅乾兩塊疊在一起，用巧克力當黏膠。

8

指甲餅乾在凹槽填入一點巧克力，再放上杏仁粒。

Tips!

- 餅乾糰可以放在冷凍庫1個禮拜，要烤之前可以拿到冷藏退冰到變軟可以塑形。
- 餅乾中間也可以放進喜歡的果醬或糖果，完成的餅乾一定要放密封袋，以免濕氣讓餅乾口感變質。

巧克力檸檬片

需要耗時5天才能完成，
每天要像照顧嬰兒一樣幫它換水，
時不時還要翻面，讓每一面都受到滿滿的照顧，
甜美的果實需要耐心的付出！

材料

檸檬…5個
細砂糖…檸檬片重量的80%
巧克力…適量

事前準備工作

◦ 濕布稍微清洗檸檬外皮。

1

每顆檸檬戳15個洞左右，洞洞的距離不要太近也不要太多。

2

戳洞完成後泡水2小時，可以用小一號的鍋蓋放在上面，因為所有的檸檬都要泡到水。

3

水煮滾後把檸檬放進去，用大火煮10分鐘，燜5分鐘。

4

水倒掉、檸檬取出，再重新煮一鍋水，滾了後把檸檬放進去再一次煮15分鐘，燜5分鐘。

5

換冷水靜置2天，這兩天只要水濁就換，一天最少要換5次。

6

檸檬切片可以用排尺輔助,切成厚度一樣的檸檬片。

7

秤出檸檬片重量的80%細砂糖,用小火煮,沸騰後再滾10分鐘放涼,冷藏1天。

8

檸檬片取出,糖漿加熱,再把檸檬片放回冰1天。

9

檸檬片放在網架上讓糖漿稍微滴乾一點再進烤箱,上下火110℃烤60分。

10

放涼後沾上融化巧克力。

Tips!

○ 煮檸檬片的鍋子可以挑選厚一點的,在煮的時候開中小火,這樣底下的檸檬片才不會容易燒焦,保溫效果和受熱的均勻度也是比較好的選擇。

○ 挑選檸檬要選外皮長得漂亮的,有黑點或疤痕的都要盡量避免,每一顆外皮都要慎選。

○ 細砂糖和檸檬片放進鍋子的順序也很重要,鍋底的檸檬片我會放切掉不要的頭尾,可以避免鍋底火太大燒焦,接下來就是一層細砂糖一層檸檬片、一層細砂糖一層檸檬片這樣有順序的排下去。

○ 細砂糖的重量是檸檬片泡完很多天的水要入鍋前才秤的重量,檸檬片重量1000g,細砂糖800g。

黑糖桂圓蛋糕

好食材做出的好甜點，
當初會做是因為收到姑姑自種自曬的愛心桂圓，
掌握小撇步做出濕潤好吃又不會太甜的桂圓蛋糕，一點都不難！

材料 桂圓…120g、養樂多…220g、黑糖粉…60g、蛋…1顆、
植物油…100g、泡打粉…5g、小蘇打粉…5g、低筋麵粉…200g

事前準備工作 ◦低筋麵粉、泡打粉、小蘇打粉一起過篩。　◦過篩黑糖。
◦蛋放至室溫。

1

養樂多、桂圓用小火煮滾到快
收乾，離火備用。

2

蛋打散後分次加入黑糖粉，慢
慢攪拌均勻。

3

植物油一邊加入一邊攪拌。

4

完成後把桂圓養樂多加入拌勻。

5

最後加入過篩粉類，翻拌到完全沒有粉粒。

6

倒入模型大概8分滿，上下火160℃烤25分鐘。

\ Tips! /

◦桂圓可以切小一點，吃蛋糕的時候也會感覺
　更細緻，不會太大塊、太甜，時間夠的話也
　可以桂圓加養樂多靜置一晚。

◦養樂多裡面就有甜度了，所以這個配方把糖換
　成黑糖，吃起來健康對身體比較沒有負擔。

◦想做大人系口味可以把桂圓泡在白蘭地裡
　一個禮拜再使用。

冰淇淋餅乾

想要做別出心裁的禮物送人但時間有點趕，
冰淇淋餅乾可以快速做出超多不一樣口味

材料　無鹽奶油…200g、糖粉…60g、低筋麵粉…320g、抹茶粉…5g、
巧克力餅乾屑…30g、可可粉…5g、草莓粉…5g

事前準備工作

◦ 將抹茶粉、可可粉、草莓粉及低筋麵粉分別過篩。
◦ 無鹽奶油放至室溫軟化。

◦ 烤盤放上矽膠烤墊。
◦ 將過篩後的可可粉和餅乾屑先混合。

1

將無鹽奶油打軟加入糖粉，打到質地細綿、顏色偏白的鵝黃色，打發完全形狀才漂亮。

2

加入低筋麵粉混合拌勻。

3

加入低筋麵粉混合拌勻，完成後將麵糰平均分成4等份。

4

將抹茶粉、草莓粉、可可粉分別加入其中3糰麵糰。

5

將粉與麵糰混合均勻。

6

將白色麵糰平均分成三份，分別與各色麵糰混合揉捏。不要混合太均勻，有色差較漂亮。

7

用冰淇淋勺將麵糰挖成球狀，放置於矽膠烤墊上。

8

用上下火150℃烤15分鐘，出爐放涼就完成了。

完成♪

我人生的夢想清單又達成一項了！做甜點是我在忙碌的生活中最喜愛的療癒時光，我喜歡吃、喜歡做，更喜歡跟大家分享我喜歡的。製作食譜的這半年，我的龜毛病變得更加嚴重，不停的修改內容或是甜點的造型，我的壓力大到身體無法負荷，尿道炎、皰疹、頭痛通通都找上門！這次最最最最最幸運的事就是可以跟陳師傅一起合作，他不僅在書裡分享10道進階甜點，還幫我把天馬行空的想法一一完成和排定拍攝順序，真的好慶幸有他！另外還要特別謝謝我的正妹經紀人婉嘉兒和小白師，總是用最溫和的方式逼著我前進，在這邊要感謝這一路上被我騷擾過的每一個人，沒有你們的幫忙這本書絕對無法完成，也要謝謝兔兔和兔媽還有皇冠的大家給我很大的空間做我喜歡的，這本食譜是你們和我一起完成的，謝謝大家 ♥

國家圖書館出版品預行編目資料

HALO！莎莎的甜點小宇宙／莎莎著．
-- 初版．--
臺北市：平裝本，2018.7 面；公分．--
（平裝本叢書；第 0471 種）(iDO；95)

ISBN 978-986-96236-5-0（平裝）

1.點心食譜

427.16   107009766

平裝本叢書第 0471 種

iDO 95

HALO！莎莎的甜點小宇宙

作　　者—莎莎
發 行 人—平雲
出版發行—平裝本出版有限公司
　　　　　台北市敦化北路 120 巷 50 號
　　　　　電話◎ 02-27168888
　　　　　郵撥帳號◎ 18999606 號
　　　　　皇冠出版社（香港）有限公司
　　　　　香港上環文咸東街 50 號寶恒商業中心
　　　　　23 樓 2301-3 室
　　　　　電話◎ 2529-1778　傳真◎ 2527-0904
總 編 輯—龔橞甄
責任編輯—張懿祥
美術設計—嚴昱琳
著作完成日期— 2018 年 3 月
初版一刷日期— 2018 年 7 月

法律顧問—王惠光律師
有著作權 · 翻印必究
如有破損或裝訂錯誤，請寄回本社更換
讀者服務傳真專線◎ 02-27150507
電腦編號◎ 415095
ISBN ◎ 978-986-96236-5-0
Printed in Taiwan
本書定價◎新台幣 420 元／港幣 140 元

● 皇冠讀樂網：www.crown.com.tw
● 皇冠 Facebook：www.facebook.com/crownbook
● 皇冠 Instagram：www.instagram.com/crownbook1954
● 小王子的編輯夢：crownbook.pixnet.net/blog